KB018542

28일 평생 면역력 만들기

최강 면역 만드는 건강 습관 계획

28일 평생 면역력 만들기

펀 그린 지음 | 최영은 옮김

시그마북스
Sigma Books

28일 평생 면역력 만들기

발행일 2022년 1월 3일 초판 1쇄 발행
지은이 펀 그린
옮긴이 최영은
발행인 강학경
발행처 시그마북스
마케팅 정제용
에디터 최연정, 장민정, 최윤정
디자인 강경희, 김문배

등록번호 제10-965호
주소 서울특별시 영등포구 양평로 22길 21 선유도코오롱디지털타워 A402호
전자우편 sigmabooks@spress.co.kr
홈페이지 http://www.sigmabooks.co.kr
전화 (02) 2062-5288~9
팩시밀리 (02) 323-4197
ISBN 979-11-91307-89-4 (13590)

Editrice : Catie Ziller
Auteure : Fern Green
Photographie : Kirstie Young
Mise en page : Michelle Tilly
Relecture / correction : Kathy Steer

28 jours pour apprendre facilement à booster son immunité by Fern Green

* 시그마북스는 (주)시그마프레스의 자매회사로 일반 단행본 전문 출판사입니다.

들어가며

2020년 신종 코로나바이러스 감염증(COVID-19)이 처음 발병하면서 전 세계가 크고 작은 영향을 받았다. 그리고 마땅한 치료약이 없는 상황에서 바이러스에 대처하는 면역 체계가 가장 뜨거운 이슈로 떠올랐다. 이제 사람들은 면역력을 높여 건강을 유지해 바이러스나 박테리아 또는 다른 적을 물리칠 방법을 찾고 있다.

면역 체계는 하나가 아닌 복합적인 요소로 구성된 집단이다. 즉 한두 가지 방법으로 금방 해결할 수 있는 문제가 아니라는 뜻이다. 그러나 관리만 효율적으로 해도 질병에 대처할 만한 힘을 얻을 수 있으며, 그중에서 건강한 생활 습관은 면역력을 높이는 열쇠가 될 것이다.

우리의 면역 체계는 건강 상태나 나이 등 다양한 요인에 반응하는데, 세월을 막을 수는 없지만 건강 상태는 충분히 관리해서 개선할 수 있다.

우선 질병을 예방하고 질병과 싸우는 면역 체계가 제 역할을 완벽하게 수행하도록 유지하는 게 가장 중요하다. 하지만 안타깝게도 많은 사람이 제구실을 하지 못하는 면역 체계로 힘들어한다. 그러나 걱정하지 마시길! 방어력을 최대한 탄탄하게 해줄 방법이 있으니까 말이다. 당신의 식탁을 영양가 넘치는 식단으로 꾸미고 건강한 생활 습관 전략을 따르면 된다.

요즘 사람들을 보면 건강과는 거리가 먼 생활을 하는 듯하다. 면역력을 높이기는 고사하고 몸에 스트레스만 주고 있으니 말이다. 지난 한 세기 동안 음식, 환경(공기와 물), 활동량 등 사실상 거의 모든 면이 놀라울 정도로 바뀌었고, 이제 음식에 있는 영양소만으로는 면역 체계가 스트레스를 효율적으로 대처하지 못하게 되었다. 게다가 우리 몸은 만연한 살충제, 식품첨가물, 약, 세제, 여러 가지 화학물질에 적응하느라 매일 진땀을 흘리고 있다. 일부에서는 이런 상황 때문에 결국 면역 체계가 외부 물질에서 신체를 보호하는 게 아니라, 오히려 공격하여 자가면역질환이나 신체 기능장애 등을 일으킬 것이라는 주장이 나오기도 한다.

그래서 면역 체계에 대한 이해를 '면역 강화를 위한 식습관 변화'의 첫 번째 단계로 정했다. 한 번씩 몸에 제동이 걸리는 이유는 무엇인지, 또는 면역 체계와 전반적인 건강을 위해 할 일은 무엇인지 먼저 정확히 아는 게 우선이다. 그 후에는 면역 체계에 영향을 주는 식단, 생활 습관, 환경을 알아보고, 면역력을 강화하고 유지하는 방법을 샅샅이 살펴볼 예정이다.

지금 보고 있는 이 책은 당신과 당신 가족의 면역력을 높이고 감염과 바이러스, 질병에 대한 회복력을 최상의 상태로 이끌 것이다. 그러면 면역 체계의 균형뿐만 아니라, 전반적인 건강을 유지하여 행복한 생활을 즐길 수 있을 것이다.

이 책의 사용 방법

이 책에서는 당신의 목적이 치료든 건강 유지든 상관없이, 신체의 전반적인 균형을 유지하는 방법을 주로 다룰 예정이다. 책을 읽으며 가장 건강한 세포를 만들 방법을 함께 찾아보자. 또한 식습관 변화만으로도 충분히 신체 방어력을 단단히 갖춰 면역력을 높일 수 있다는 사실도 잊지 말자.

이 책에는 면역 체계의 균형에 도움이 되는 영양식이 나오며, 특히 비슷한 열량이라면 영양소가 더 풍부한 재료가 주를 이룬다. 이제 면역 강화식품으로 채워진 28일간의 아침, 점심, 저녁 레시피로 당신의 몸을 완전히 무장해보자.

물론 그 과정에서 인내심이 어느 정도 필요하고 어쩌면 생활 습관도 일부 바꿔야 할지 모른다. 하지만 책에 수록된 장보기 목록과 사전 준비, 핵심 면역 강화 재료를 참고하여 천천히 따라가다 보면 그렇게 어렵지 않다고 느낄 것이다. 그 외에 면역력에 중요한 다른 요소인 운동, 수면, 햇빛, 마음에 관한 내용도 책에서 다루고 있다. 천천히 읽으며 매일 한 단계씩 따라 하자. 그러다 보면 빠르게 효과가 나타나지는 않겠지만, 조금씩 강해지는 건강한 자신을 느끼게 될 것이다.

이 책을 면역 건강만을 목적으로 잠깐 사용하든, 아니면 건강한 자신을 위한 오랜 여정의 지침서로 사용하든, 이제 당신의 면역 건강을 위한 28일 식단 프로젝트를 시작해보려 한다. 끝까지 다 읽은 후에도 필요하다 생각되면 언제든지 책을 펼치면 된다.

책에 나오는 레시피에는 면역에 좋은 자연식품(첨가제와 방부제가 들어 있지 않은 식품), 양질의 단백질, 필수 지방산이 골고루 들어 있다. 삼시세끼뿐만 아니라 건강한 음료와 간식도 포함되어 있어 신체 방어 체계를 도와 면역력을 높이는 데 도움이 될 것이다.

식재료의 품질은 풍부한 영양소를 반영한다

슈퍼마켓에 진열된 제품은 종류가 다양하지 않고 영양상의 가치도 다소 떨어지는 경우가 많다. 영양가가 풍부한 최고의 식사를 위해 되도록 질 좋은 유기농 재료를 구매하자. 되도록 고기와 유제품은 농장(지역 농장이면 더 좋다)에서 직접 구매하고, 방목해서 키운 닭이 낳은 달걀과 유기농 제철 과일·채소를 선택하자.

차례

28일 식단에 필요한 기본 레시피

28일간의 삼시세끼 레시피

WEEK 1

WEEK 2

WEEK 3

WEEK 4

제 4 장 음료 및 스낵 레시피

미리 알면 좋은, 면역력 이모저모

면역력은 단순히 하나가 아닌 여러 가지 복합적인 요소로 구성된 집단이다. 하나를 해결하거나 혹은 한두 개를 고친다고 금방 해결할 수 있는 문제가 아니다. 그러나 전반적으로 관리하기 시작한 순간, 건강한 생활은 면역력을 높이는 중요한 열쇠가 될 것이다. 수많은 현대인들이 면역력을 높이기는커녕, 오히려 떨어뜨리는 생활을 하고 있다. 1장은 '면역이란 무엇인가?'에 대한 답을 줄 것이다.

현재 우리의 면역 상태는?

19세기경 루이스 파스퇴르는 몸에 침입한 외부 물질을 없애면 질병이 낫고 건강을 되찾을 수 있다는 발상을 했다. 그리고 이제 사람들은 약으로 외부 침입자를 퇴치하는 세상에 살고 있다. 이런 접근 방식은 어느 정도 긍정적인 결과를 가져왔지만, 현재 사람들이 우려하는 건강 문제를 해결할 돌파구로 충분치 않은 것도 사실이다.

약은 건강을 유지하는 게 아닌 치료를 목적으로 개발되었다. 양약 치료가 마치 장수와 건강한 삶을 이끄는 것처럼 수많은 제약회사가 마케팅을 펼치고 있지만, 진실이라 단언할 수 없다. 건강한 삶을 원하면 생활 습관에 더 관심을 기울여야 한다.

현재 세계 인구는 빠르게 증가하고, 평균 수명(오른쪽 그래프 참고)이 길어지며, 생활 환경도 엄청난 속도로 변화하고 있다. 건강과 웰빙, 특히 면역 체계를 위한 노력이 그 어느 때보다 절실한 시점이다.

게다가 사스(중증 급성 호흡기 증후군), 메르스(중동 호흡기 증후군), 그리고 현재 유행하는 코로나바이러스 감염증-19 등의 감염병이 주기적으로 발생하여 세계적으로 연간 1억 100만 명의 환자가 생기면서 면역의 중요성을 다시금 깨닫고 있다.

잦은 감기 때문에 침대에서 꼼짝 못 하고 누워 있는 걸 즐기는 사람이 누가 있겠는가? 별것 아닌 듯해 보이던 감염이 삶에 위협을 가할 수 있고, 독감도 심해져 신체 회복을 더디게 할 수 있다. 이제 사람들은 전 세계적으로 퍼지는 바이러스 전염과 높은 암 발병률을 걱정한다.

하지만 좋은 소식도 있다. 연구에 따르면 질병에서 자신을 보호하는 데 우리가 할 수 있는 일이 있다고 한다. 바로 식단을 조절하고 바른 생활 습관을 유지하는 자세다. 그러면 단단해진 신체의 놀라운 방어력이 질병을 막고 심각한 병으로 진행되는 것을 예방할 것이다.

인구 증가 예상 그래프

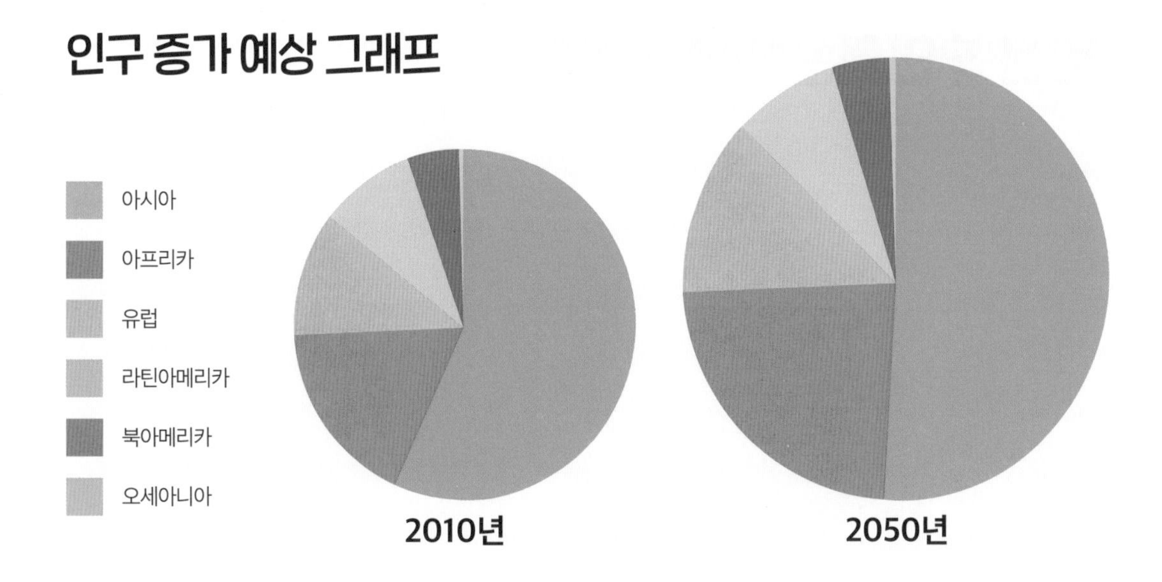

1700~2021년 세계 인구 기대 수명 추이

최근 몇 세기 동안 기대 수명의 상승 곡선이 가파르다.

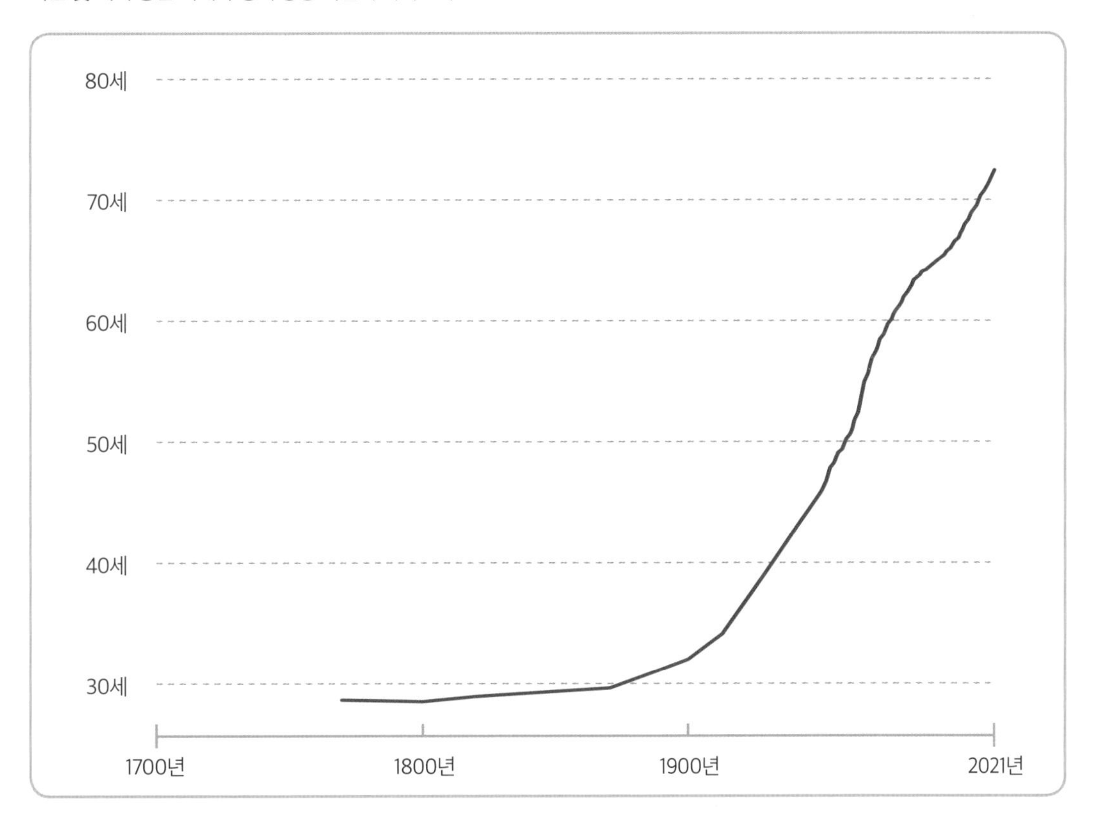

당신의 면역은 안녕한가요?

면역력은 사람마다 차이가 크고 다양하다. 면역에 영향을 주는 신체적, 영양적, 감정적 요건이 다른 까닭이다.

초기 경고 신호

우리의 몸은 환경과 생활 습관에 영향을 많이 받기 때문에, 신체에 이상이 생겼다는 초기 경고 신호도 환경과 생활 습관에 따라 다른 형태로 나타난다. 운동이나 수면이 부족한지, 아니면 몸에 해로운 물질이 과도하게 쌓였는지, 영양이 부족한지, 스트레스가 쌓였는지, 바이러스나 박테리아가 침입했는지, 신체는 다양한 방식으로 우리에게 경고한다.

몸과 친해지기

바쁜 현대 사회를 살아가는 사람들은 자신을 살필 여유도 없어서 몸의 경고를 놓치기 일쑤다. 하지만 현재의 건강 상태를 알고 신체에서 일어나는 미세한 변화를 눈치채는 것은 아주 중요하다. 이런 변화를 기록으로 남겨보는 건 어떨까? 아주 작은 변화까지 놓치지 않고 몇 달간 적어보면, 자신을 좀 더 잘 알게 되는 계기가 될 것이다.

초기 증상을 빨리 알아채면, 심각한 병으로 발전하기 전에 신속하게 행동을 취할 수 있다.

감기에 걸리는 횟수

일 년에 2~3번 정도 감기에 걸려 재채기하고 콧물을 훌쩍대는 정도라면, 일반 성인 기준으로 지극히 정상적인 수준이다. 회복 기간도 보통 7~10일 정도이다. 감기에 걸리면 면역 체계가 3~4일간 항체를 형성하여 세균을 없앤다. 만약 감기에 걸리는 횟수가 늘거나 회복 기간이 평균보다 길다면, 이는 면역력이 떨어졌다는 확실한 신호이다.

잦은 감기로 한해에 복용하는 항생제의 양이 많은 것 또한 신체 방어력이 낮다는 증거이며, 감염 후 회복 기간을 살펴보는 것도 면역력을 파악할 수 있는 척도가 된다. 잦은 복통, 복부 팽만, 음식 알레르기는 장내 미생물 불균형(디스바이오시스) 및 면역 기능 저하의 징후이다.

떨어진 면역력을 알 수 있는 초기 신호

면역력이 약해졌을 때 몸에 염증이 생기면 나타나는 몇 가지 증상

잠재된 위험

스트레스를 받고 있다면
질병에 더 취약해진다.

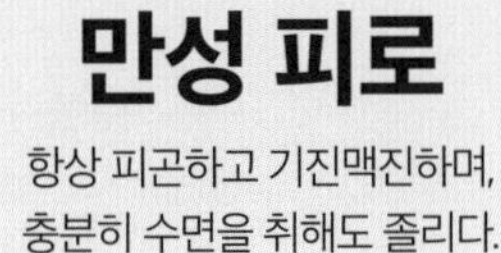

만성 피로

항상 피곤하고 기진맥진하며,
충분히 수면을 취해도 졸리다.

장 문제

설사, 변비 또는
염소똥 같은 작은 변

회복 지연

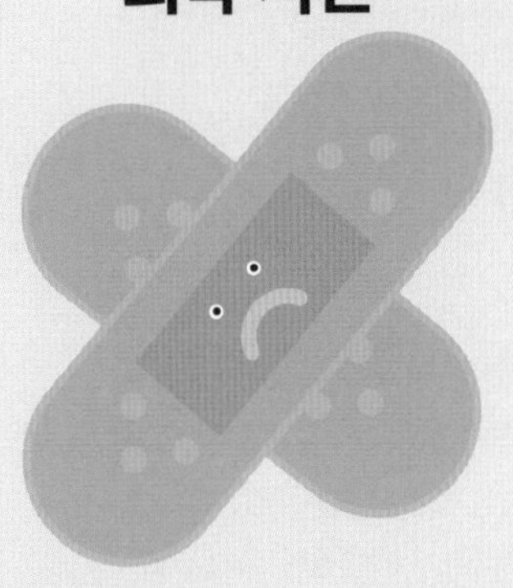

피부 질환

피부 발진, 원인 불명 여드름,
피부 건조증, 습진, 가려움증

검사

병원에 가면 면역력을 측정하기 위해
기본 혈액 검사를 받는데,
당신이 현재 정상 범위 내의
항체를 보유했는지 알 수 있다.

면역 체계란 무엇인가?

당신은 면역력이 약한 편인가? 면역력을 지금보다 더 높이고 싶지 않은가? 면역력을 높이고 균형을 다시 맞추는 방법은 다양하다. 면역 체계의 작동방식을 배운다면 신체에 어떤 변화가 생겼는지 잘 알 수 있다.

면역 체계 알아보기

면역 체계는 우리 몸에서 매우 중요한 역할을 하는 세포와 조직과 장기가 서로 복잡하게 얽혀서 작용하는 시스템이다. 이들은 박테리아, 바이러스, 기생충(균류 포함)이나 다른 미생물처럼 질병을 유발하는 물질의 공격에서 신체를 보호하는 역할을 한다.

'세균'이라고 하는 물질이 우리 몸에 침투하면 면역 체계는 우선 이를 막으려 하고, 실패할 경우 그 물질을 제거하려 한다. 세균은 타인과 피부를 접촉하거나 관계를 맺거나 아니면 타인의 재채기나 기침에서 튀어나온 비말을 흡입했을 때 옮겨 오게 된다. 또한 오염된 음식이나 물로도 침투할 수 있고 주사기 재사용, 또는 벌레 물림으로 혈액을 타고 들어오기도 한다.

피부는 침입자가 신체로 들어오지 못하게 막는 첫 번째 방어선이다. 다른 방어선으로는 눈에 있는 투명막(각막)이나 폐, 방광, 소화기관을 감싸고 있는 특별한 조직이 있다. 뭔가에 피부가 베이거나 쓸리거나 데이면 그 상처를 통해 세균이 몸 안으로 들어와 감염을 일으킬 수 있다. 땀, 눈물, 콧물 같은 액체는 더러운 물질과 세균을 밖으로 배출할 뿐 아니라 박테리아를 죽이는 효소도 함유하고 있다.

그런데도 결국 '세균'이 몸 안으로 들어간다면 면역 체계는 세균을 죽이기 위한 작업을 시작한다.

일반 병원균

모든 '세균'이 해롭지는 않지만, 병원균이라 불리는 세균은 감염을 일으킬 수 있다. 병원균은 질병을 유발하는 하나의 생물이다. 본래 우리 몸속에는 수많은 미생물이 가득하다. 이런 미생물이 병을 일으키는 경우는 몸의 면역력이 떨어졌거나, 평소에는 미생물이 없는 몸의 기관에 침투했을 때뿐이다. 반면 병원균은 이런 미생물과는 달리 신체에 들어오면 질병을 유발한다. 모든 병원균은 번식을 원하고 생존하기 위해 숙주가 필요하다. 일단 병원균이 숙주의 몸속에 자리 잡으면 면역 반응을 피하고 숙주의 몸을 잠식해가며 나중에 밖으로 나와 다른 숙주의 몸으로 옮겨가기 전까지 복제를 거듭한다.

가장 대표적인 4가지 병원균은 바이러스와 박테리아, 그리고 곰팡이와 기생충이다.

4가지 대표 병원균

바이러스 바이러스는 DNA나 RNA 같은 유전 암호로 이루어져 있으며 단백질 외피가 이를 둘러싸서 보호하는 형태를 띠는 생물이다. 일단 감염되면 바이러스는 숙주의 세포 내로 침투한다. 그리고 숙주의 세포를 이용해 복제하며 더 많은 바이러스를 생성한다. 잘 알려진 바이러스로는 감기 바이러스인 리노 바이러스, 사스 바이러스 및 신종 코로나 감염을 일으키는 신종 코로나바이러스를 포함한 코로나바이러스와 수두 대상포진 바이러스가 있다.

박테리아 박테리아는 단일 세포로 이루어진 미생물이다. 형태와 특징이 다양하며, 어떤 환경에서도 살아남는 능력을 갖춰서 신체 내부뿐만 아니라 피부에도 기생한다. 자연적으로 생기는 박테리아는 보통 항생제로 치료하지만, 항생제 과다 사용으로 생긴 슈퍼 박테리아는 항생제에 내성이 있어 치료하기 힘들다.

곰팡이 곰팡이는 거의 모든 곳에서 발견되지만, 존재하는 수백만 개의 곰팡이 중 약 300여 종만 질병을 유발한다고 알려져 있다. 곰팡이는 어디든 존재한다고 볼 수 있다. 감염을 일으키는 일반적인 곰팡이로는 홍색 백선균(백선을 일으키는 진균)과 백색 종창균(무좀)이 있다.

기생충 기생충은 숙주의 몸속이나 신체 표면에 기거하면서 영양분을 섭취하는 생물로 마치 아주 작은 동물처럼 행동한다. 기생충 감염은 열대 지방이나 아열대 지방에서 빈번하게 일어나지만 다른 지방에서도 발생할 수 있다.

기관

면역 체계를 담당하는 기관은 몸 전체에 분포되어 있다.

- 피부와 점막
- 림프샘과 림프관
- 비장
- 흉선
- 골수
- 편도와 아데노이드

피부

피부는 병원균의 침입을 막는 첫 번째 방어선이다. 방어벽을 만들어 침입자를 막고 기름을 생성해 균을 제거하려 한다. 두 번째 방어벽은 점막으로 이루어진 부드러운 수분막이며 입, 코, 내장, 기도 등에 있다. 일부 방어벽은 점액질을 생성해서 덫을 만들고 박테리아, 바이러스, 기생충 등을 잡아서 점액질에 함유된 세포와 단백질로 공격해 없앤다.

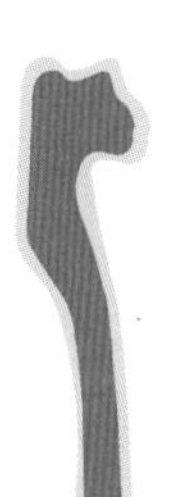

골수

골수는 뼈 안에 있는 부드러운 물질로 면역 체계에 아주 중요한 역할을 담당하고 있다. 각기 다른 세포의 원형인 줄기세포가 이곳에서 생성된다. 여기에는 호중성 백혈구, 단핵구, 수지상 세포와 대식세포 등의 면역 세포도 있고, B 세포와 T 세포와 같은 적응 면역 세포도 있다. 또한 적혈구를 만들어 산소를 몸 곳곳으로 전달하고 혈액 응고에 필수적인 혈소판도 만든다.

혈류

혈액은 몸 전체를 순환하며 면역 세포를 이동시켜 병원균을 찾게 한다. 피검사는 면역 체계에 문제가 있는지 알 수 있는 좋은 방법이다. 예를 들어 몸속에 백혈구 수가 과도하게 많은지 혹은 적은지를 보면 이를 잘 알 수 있다.

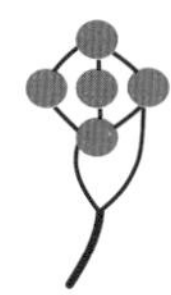

림프계

림프계는 림프관과 림프 조직으로 촘촘히 연결되어 있다. 림프로 불리는 비 세포액과 수백 개의 작은 선으로 이루어진 림프샘이 있으며, 이곳에서 T 세포는 침입한 미생물을 인식하고 파괴하는 법을 '학습'한다. 또한 림프샘은 바이러스, 박테리아, 암세포를 걸러내 면역 세포가 파괴하도록 도움을 준다.

흉선

흉선은 호흡기관 앞에 위치하며 림프 기관으로 분류된다. 골수에서 생성된 T 세포는 주로 이곳에서 머물면서 일반적인 체세포와 신체로 침입하여 잠재적으로 해로운 영향을 끼칠 수 있는 외부 세포와의 차이를 '교육' 받는다.

비장

몸의 왼쪽 흉곽 아래에 있는 큰 조직 덩어리다. 혈액을 거르고 혈류에서 정보를 추출하는 데 도움을 주는 기관이며, 혈소판과 백혈구를 저장하기도 한다. B 세포 같은 일부 면역 세포는 비장에서 증식한다.

면역 체계 담당기관

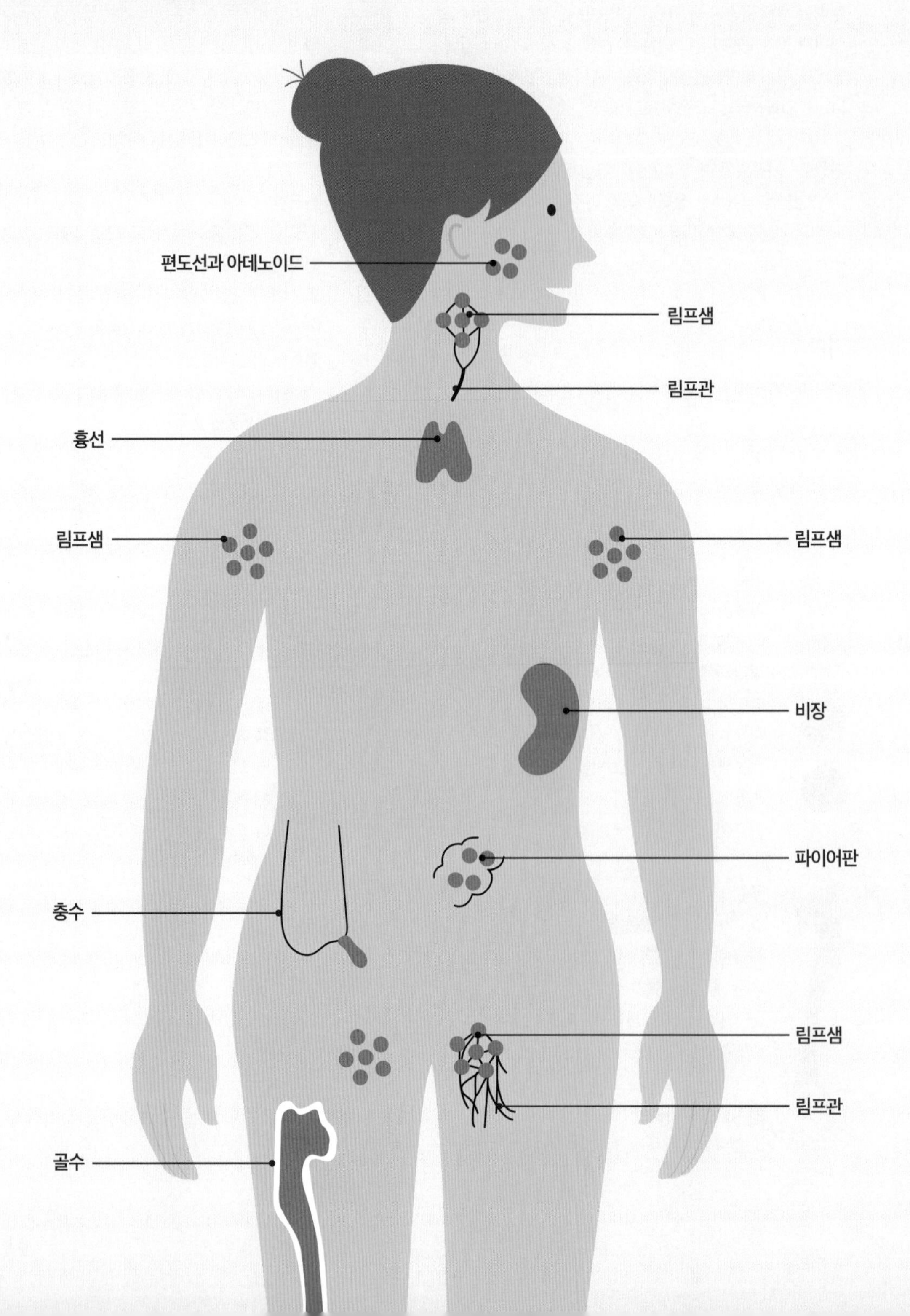

면역 체계를 구성하는 세포

면역 체계에는 감염과 다른 질병에 맞서 함께 대항하는 세포가 몇 가지 있다. 이 세포들은 신체로 들어온 외부 병원균이나 신체 내부에서 활성화한 병원균을 식별하고 표식을 남긴 후 파괴한다. 다음은 대표적인 면역 세포들이다.

림프구

림프구는 백혈구의 일종으로 골수에서 생성되지만, 혈액과 림프 조직에서 활동한다. 그리고 감염에 대항할 항체를 형성하고 바이러스와 그 외 병원균을 공격한다. 림프구는 크게 T 세포와 B 세포로 나뉜다.

T 세포

T 세포는 골수에서 생성된 후 흉선이라는 기관으로 이동해 이곳에서 성장하며 성숙 과정을 거친다. 병원균을 발견하는 즉시 공격하지만, 그전에 병원균을 식별하는 다른 세포의 도움이 필요하다. 일단 T 세포가 활성화되면 분화하며 증식한 후 화학물질을 분비해 미리 경고받은 병원균을 파괴한다. 일부 T 세포는 파괴한 병원균을 '기억'해뒀다가 차후에 같은 균이 침입하면 신속하게 대처한다.

T 세포 중에는 다른 T 세포를 감시하는 조절 T 세포(Tregs)도 있다. 면역 체계가 과도하게 활성화되면 조절 T 세포는 다른 T 세포의 활동을 저지한다.

B 세포

B 세포는 항체라는 화학물질을 생성한다. 항체는 병원균 표면에 있는 분자(항원)에 달라붙어 다른 면역 세포에게 항원임을 '표시'하여 병원균을 제거하는 특별한 단백질이다. 항체는 면역글로불린(IgA, IgD, IgE, IgG, IgM, 5가지 종류가 있다)이라 불리는 화학물질군에 속하며, 다양한 면역 반응을 유도하는 역할을 한다.

일단 B 세포가 항원을 인식하면 항원과 결합한다. 그리고 형질 세포로 분화하여 특정 항원에 반응하는 항체를 생성한다. 또한 항체는 다른 세포가 병원균을 파괴하도록 독려하여 면역 방어력을 활성화하기도 한다.

각각의 B 세포는 특정한 항체를 생성한다. 전문가에 따르면 B 세포가 인식하는 항원은 수백만 개 정도인데, 여기에는 처음 침입한 항원뿐만 아니라 인공 항원까지 포함된다고 한다. 림프구에는 T 세포와 B 세포 외에도 자연살해 세포(또는 NK)가 있으며, 자연살해 T 세포처럼 화학물질을 분비해 일부 외부 세포를 공격한다.

식세포

식세포 역시 백혈구의 일종으로, 바이러스와 박테리아 등 다른 해로운 유기체를 죽이고 몸속 죽은 일반 세포도 없앤다. 식세포의 종류는 다음과 같이 다양하다.

대식세포

대식세포는 단핵구에서 시작하여 우리가 대식세포라 알고 있는 형태로 진화·발전한다. 대식세포라는 이름은 '대식가'를 의미하는 그리스어에서 유래하였다. 대식세포는 혈류와 조직 내에서 활동하며 박테리아를 먹고 분해한다. 또한 신체에 문제가 생기면 다른 면역 세포에 신호를 주기도 하고, 죽은 적혈구를 재활용하며, 세포 찌꺼기도 청소한다.

대식세포의 단핵구는 수지상 세포로도 진화할 수 있다. 수지상 세포는 B 세포와 T 세포에 항원을 '보여'주고, 두 세포가 항원이 붙어있는 병원균을 공격하도록 돕는다.

호중구

과립구(호염구, 비만 세포, 호산구 포함)라는 면역 세포에 속한다. 대식세포처럼 골수에서 생성되어 혈류를 타고 몸 전체를 순환하며 문제를 찾아내고 박테리아를 '먹어' 치운다.

사이토카인

단백질로 구성된 사이토카인은 면역 체계 내 각 조직이 서로 의사전달을 하도록 돕는 화학물질 전달자이다. 종류는 인터류킨, 인터페론, 성장 인자 등 다양하다. 일부 세포는 상처나 감염이 있는 곳에 사이토카인을 분비해, 다른 세포들이 상처를 치유하거나 병원균을 공격하도록 신호를 보낸다. 인터류킨 2와 같은 사이토카인은 면역 체계가 T 세포를 생성하도록 자극하기도 한다.

면역 체계의 구조를 알아보자

신체가 외부 물질(병원균)을 감지하면 면역 체계는 항원을 인식하고 없애는 작업을 시작한다. 보통 단백질로 구성된 항원은 세포, 바이러스, 곰팡이, 박테리아의 표면에 붙어있는 물질이다. 독소, 화학물질, 의약품, 이물질(조각이나 가시 같은 물질) 같은 무생물도 항원이 될 수 있다.

항체 생성과정

B 림프구는 항체(면역글로불린)를 생성하도록 자극받는다. 이렇게 만들어진 항체는 특정 항원과 결합한다. 보통 항체가 생성되면 몸속에 남아 차후 같은 균이 재침입하는 경우를 대비한다. 그래서 수두 같은 질병을 앓았던 사람은 대부분 같은 병을 다시 앓지 않는 것이다.

예방주사(백신)도 이런 방식으로 사용되어 일부 질병을 예방한다. 예방주사는 앓지 않을 정도의 항원을 체내에 주입하는 방식이다. 그러면 신체는 항체를 만들어 같은 균의 공격을 예방할 수 있게 된다.

항체는 항원을 인식하고 항원 표면에 달라붙지만 혼자서 파괴할 수는 없다. 이는 T 세포(23쪽 참고)의 역할이다. T 세포(일부 T 세포는 사실상 '자연살해 세포'라 불린다)는 항체의 표식이 붙은 항원, 감염된 세포, 변형된 세포를 파괴한다. 또한 다른 세포(식세포)가 그 일을 하도록 신호를 보내기도 한다.

항체의 또 다른 역할

- 외부 유기체가 생성한 독소 중화
- 보체 단백질을 활성화시킨다. 보체 단백질 역시 면역을 담당하며, 박테리아, 바이러스, 감염된 세포를 죽인다.

이렇듯 면역에 특화된 세포는 신체를 질병에서 보호한다. 이러한 모든 작용을 우리는 면역이라 부른다.

면역의 3가지 종류

선천 면역

인간은 기본적인 보호 작용을 하는 선천(또는 자연) 면역을 타고 난다. 외부 세균을 막는 장벽인 피부도 선천 면역의 일종이다. 이처럼 면역 체계는 이질적이고 위험한 침입자를 먼저 인식한다.

적응 면역

적응(또는 능동) 면역은 우리가 살아가며 얻게 되는 면역이다. 보통 백신으로 적응 면역을 얻는다.

수동 면역

수동 면역은 '빌려'서 얻는 면역으로 지속 기간이 짧다. 예를 들어 아기는 엄마의 모유 속에 있는 항체를 받아 일시적으로 엄마와 비슷한 면역을 갖게 된다.

면역의 종류

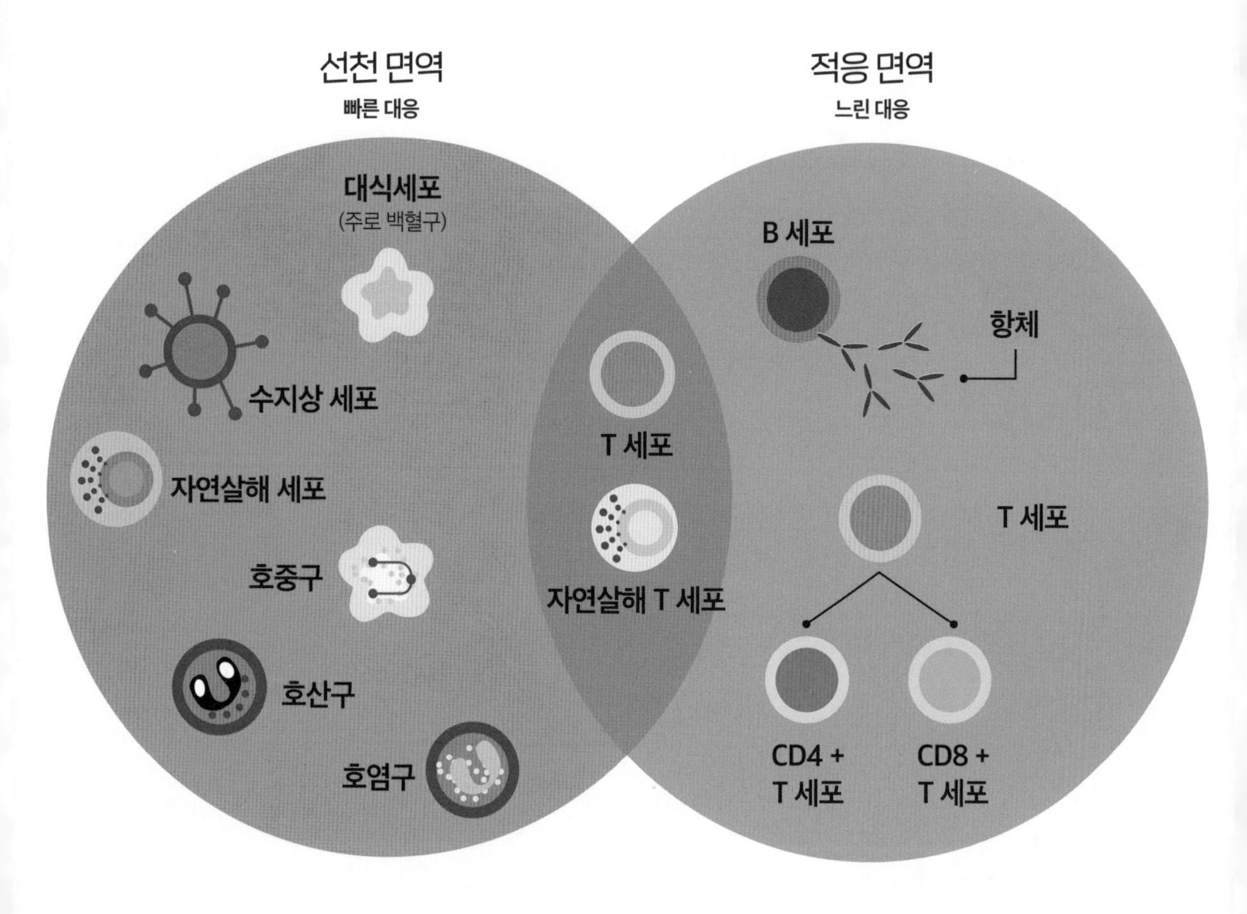

대식세포 백혈구의 일종이며, 박테리아 같은 이물질을 인식하고 먹어 치운다.

수지상 세포 선천 면역과 적응 면역 간의 전달자 역할을 한다.

자연살해 세포 바이러스에 대항한다.

호중구 백혈구의 일종이며, 상처 난 조직을 치료한다.

호산구/호염구 호산구는 감염과 염증을 막고, 호염구는 면역 체계의 기능을 정상적으로 유지한다.

T 세포 림프구의 일종이다. 주로 침입자를 '살해'하는 역할을 맡지만, 때로는 다른 면역 세포를 활성화하기도 한다.

B 세포 림프구의 일종이다. B 세포는 박테리아나 바이러스마다 특정한 항체를 생성하기에 T 세포 못지않게 중요하다. 침입자의 표면에 붙어 다른 면역 세포가 이를 인식하여 파괴할 수 있도록 표식을 남기는 역할을 한다.

CD4 세포와 CD8 세포 CD4 세포는 일명 '도움' 세포라 불리며, 감염에 대한 신체 반응을 유도한다. CD8 세포는 '살해' 세포 역할을 담당하며 항체를 만든다.

5명 중 1명

비타민 D 결핍

70,000

매일 노출되는 유독한 화학물질 수

28%

비만으로 분류된 성인 비율

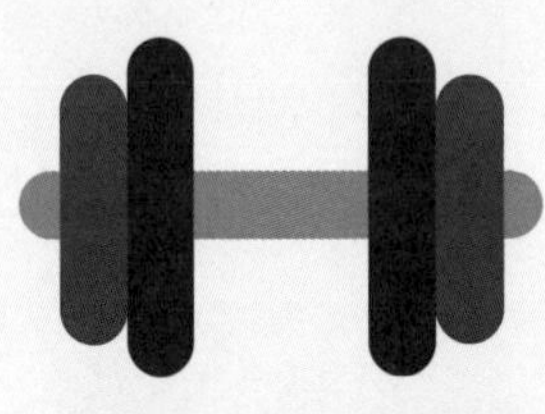

3명 중 1명

운동 부족인 성인 수

3명 중 1명

수면 부족을 겪는 성인 수

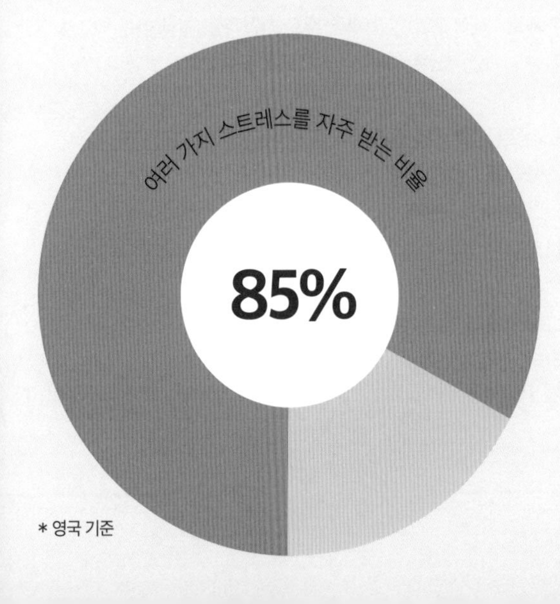

11,000,000

열악한 식단 관련 전 세계 사망자 수

* 영국 기준

면역 불균형의 원인은 무엇인가?

만성질환이나 자가면역질환은 면역 불균형이 초래하는 가장 확실한 위험 인자이다. 그러나 잘못된 생활 습관만으로도 면역 체계가 흐트러져 감염에 취약해질 수 있다. 지금부터 면역 체계를 교란해 면역 불균형을 초래하는 요소를 알아보도록 하자.

만성 스트레스

스트레스를 받으면 일반적으로 선천 면역 세포(외부 침입자를 없애는 물질을 분비하는 최전방 군인)가 활성화된다. 그러나 스트레스가 만성이 되면 선천 면역 세포(24쪽)가 과도하게 자극을 받아 결국 바이러스를 제거하는 다른 면역 체계를 억제하게 된다.

수면 부족

잠을 푹 자지 못하면 선천 면역 세포는 과도하게 활성화되고, 바이러스를 죽이거나 억제하는 항바이러스의 활성 능력은 오히려 감소한다.

비타민 D 결핍

비타민 D가 부족하면 면역 반응이 비정상적으로 늦어지고, 자가면역이나 상기도 감염의 발병률이 높아진다.

유독 물질 노출

납이나 비소 같은 유독 물질에 노출되면 특정 면역 체계의 활동이 억제되거나 과도하게 증가한다.

신체 활동 부족 또는 과도

운동량이 심하게 부족하거나 과한 경우, 모두 면역 체계의 불균형을 초래할 수 있다.

부실한 식사

영양실조에 걸리거나 균형 잡힌 식사를 하지 못하면 면역 세포와 항체의 생성이 감소하고 활동량도 줄어든다.

과체중

비만은 경도의 만성 염증과 관련 있다. 지방 조직이 몸에 염증을 일으키는 아디포사이토카인을 생성하기 때문이다.

노화

나이가 들면 신체 내부 장기의 효율성도 조금씩 떨어진다. 그래서 흉선이나 골수도 충분한 양의 면역 세포를 생성하지 못해서 신체가 감염에 제대로 대응하지 못한다.

면역 체계의 적을 제거

건강하고 효율적인 면역 체계 운영을 방해하는 적은 매우 많다. 모두 피할 수는 없겠지만 어느 정도 미리 제거할 수는 있다. 그리고 다음에 다시 같은 적이 방문하면 우리 몸은 더 나은 선택을 할 수 있을 것이다.

면역 체계를 어떻게 보호할까?

생활 습관과 식습관을 바꾸기 전에 우선 우리가 매일 어떤 식으로 신체를 보호하고 있는지 먼저 살펴보자. 가장 중요하면서도 즉시 할 수 있는 방법은 바로, 위생을 잘 지키는 것이다.

청결

병원균 감염에서 자신을 지키는 최고의 방법은 손 씻기이다. 알다시피 손 씻기는 신종 코로나바이러스 감염을 예방하는 핵심 권고사항이기도 하다. 코로나바이러스는 전염성이 강해 감염된 사람이 만진 부분을 다른 사람이 접촉하면, 바이러스는 곧장 그 사람의 눈, 코, 입으로 들어간다.

다음과 같은 경우는 손을 씻거나, 적어도 60% 이상 알코올을 함유한 손 소독제를 사용하여 건강을 지키자.

- 식사 준비 전, 준비 중, 준비 후
- 음식물 섭취 전
- 설사나 구토한 사람을 돌보기 전과 돌본 후
- 상처 치료 전과 후
- 화장실 사용 후
- 아기 기저귀 교체 후
- 코를 풀거나, 기침 또는 재채기 후
- 동물, 동물성 사료, 동물의 배설물을 만진 후
- 반려동물에게 사료나 간식을 준 후
- 쓰레기를 만지거나 쓰레기통 사용 후

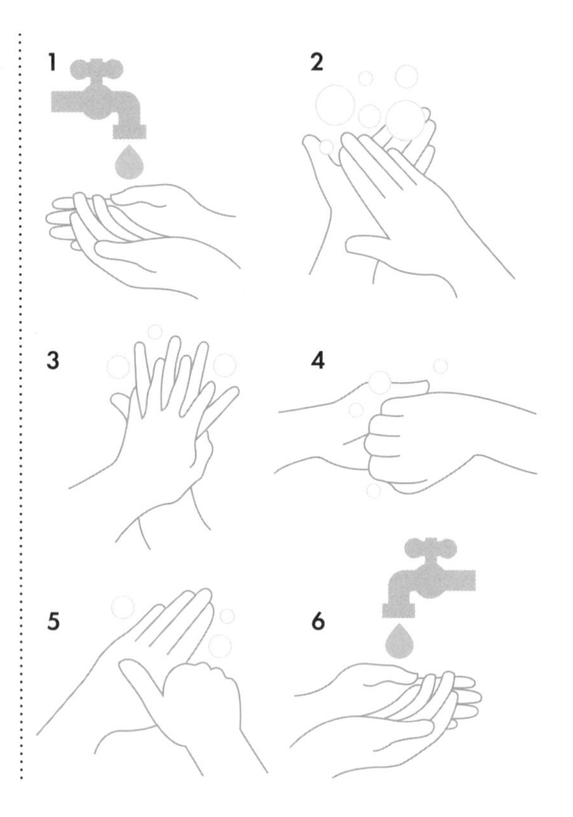

서양식 식단의 적은 무엇일까?

이제는 서양식 식단을 살펴보며 면역력을 높이고 강화하는 방법을 알아보자. 당신은 어떤 나쁜 식습관에 물들어 있으며, 해결 방법은 무엇일까?

부실한 식단이란?

부실한 식단은 건강에 좋은 주요 영양소를 배제한 채 체중을 늘리고 병을 유발하는 음식으로 채운 식사를 의미한다. 주원인은 다음과 같다.

- 염분 과다 섭취
- 과일과 채소가 부족한 식단
- 견과류와 씨앗류 섭취 부족
- 오메가-3 지방산 부족
- 섬유질 섭취 부족
- 설탕 과다 섭취
- 가공육 과다 섭취

체내 영양소가 부족하면 면역력도 약해진다. 음식은 면역력 강화에 중요한 역할을 하는 약이자 비타민이자 영양소다.

초가공식품과 음료

자연식품과 영양가 있는 음식 대신에 초가공식품과 음료를 많이 먹으면, 필요한 영양소를 충분히 섭취하지 못하게 된다.

초가공식품과 음료는 보통 설탕, 건강에 해로운 기름, 소금 등을 포함하여 5가지 이상의 성분이 들어가는 산업 제품(포장된 상품)이며 대개 섬유질, 비타민, 미네랄이 적은 편이다. 탄산음료, 아이스크림, 과자류, 대량생산된 빵과 마가린, 스프레드(빵에 발라먹는 식품), 아침 대용 '시리얼'과 '과일' 요거트 등이 여기에 속한다.

식품 산업은 소금, 지방, 설탕, 전분 등을 넣어 제품을 만든 후 소비자들에게 싼값에 제공하여 과소비를 부추긴다. 그래서 보통 이런 식품은 중독성이 강하고 식욕을 자극한다. 최악의 경우 초가공식품과 음료가 건강한 음식을 대체해 신체에 영양부족이 나타날 수도 있다.

다양한 음식으로 충분한 영양소를 섭취해야 면역 세포도 건강하게 잘 기능할 수 있다. 편식하거나 영양소가 부족한 식사(초가공식품 섭취 등)를 하면 건강한 면역 체계만 위태로워질 뿐이다. 정제된 설탕, 붉은 고기, 적은 과일과 채소로 이루어진 식단은 건강한 장내 미생물을 교란해 장에 만성 염증을 일으키고 면역을 억제하는 결과를 초래할 수 있다. 그렇다면 이제부터 면역에서 가장 중요한 장을 살펴보도록 하자.

만성질환

생활 습관과 환경적 요소는 만성질환을 유발하는 원인 중 80%를 차지한다. 생활 습관 중에서는 부실한 식사가 가장 큰 원인으로 꼽힌다. 이는 신체 활동 부족, 흡연과 음주를 모두 합한 것보다 높은 질병과 사망의 원인이 된다. 부실한 영양소 섭취로 인한 세계 사망자 수는 매년 1,100만 명 정도 된다.

장내 유익한 미생물 늘리기

장은 장내 미생물군으로 알려진 수많은 미생물이 사는 서식지다. 체내 세포를 모두 합한 수보다 많은 약 38조 개의 미생물이 장에 존재한다. 장내 서식하는 미생물을 일컫는 장 마이크로바이옴은 제2의 게놈으로 불리며, 인간 게놈보다 150배 이상의 유전자를 포함하고 있다. 과연 우리 몸이 이렇게 많은 손님을 무시할 수 있을까?

공생관계

우리는 지금까지 몸속 미생물과 공생이란 이름으로 상호 이익적인 관계를 구축했다. 공생은 2개의 서로 다른 개체가 공존하며 긴밀하게 상호작용한다는 의미의 생물학적 용어다. 과학이 상호작용의 범위를 파악하기까지는 시간이 더 필요하겠지만, 공생관계가 건강과 신체 균형에 큰 영향을 끼친다는 사실만은 확실하다. 과학자들은 이미 장 마이크로바이옴이 신체 면역 반응을 이끄는 주요 요인이라고 밝혀낸 바 있다.

장에 있는 면역 체계의 존재감

면역 체계는 다양한 장내 미생물과 함께 진화하며 병원균에 대항하는 방어벽을 세우고 유익균에 내성을 키웠다. 그러면서 면역 체계와 장내 미생물군은 서로 이익이 되는 관계를 형성하여, 서로를 규제하고 협력도 하며 돕게 되었다. '장 관련 림프 조직(GALT)'으로 알려진 장 속 조직에 총 면역 세포량의 70~80%가 분포해 있는 사실은 이런 협력관계가 돋보이는 부분이다.

마이크로바이옴 외에도 비슷한 역할을 하는 신체 세포가 장내에 머물러 있으며, 다음과 같은 이상 증상에 반응한다.

- 특정 음식으로 인한 장내 투과율(새는 장 증후군) 증가
- 만성 소화 장애증인 실리악병 또는 음식 알레르기로 인한 장 점막 손상

장내 미생물 환경을 개선하는 프로바이오틱스

과학자들은 프로바이오틱스가 알레르기와 습진, 바이러스 감염 같은 일부 면역 반응과 관련된 질환을 해결하는 데 도움을 준다는 사실을 발견했다. 일부 개체는 장과 몇몇 신체 기관에 있는 면역 세포 기능을 조절한다고 한다.

프로바이오틱스 보충제는 경구용이다. 그래서 프로바이오틱스 안의 박테리아가 위액과 담즙을 무사히 통과하여 장에서 자리를 잡고 증식할 수 있느냐가 관건이다. 하지만 슈퍼마켓과 약국에서 판매 중인 수많은 프로바이오틱스 제품은 충분한 실험을 통해 검증되지 않았기 때문에, 관련 제품을 구매하려면 잘 살펴보고 선택하길 바란다. 품질이 좋은 제품의 프로바이오틱스는 위에서 손상되지 않은 채로 통과해 영양분이 흡수되는 장에 안착한다.

장내 미생물, 다양성이 관건

프로바이오틱스 자체는 효능이 뛰어나지만, 보충제에 들어 있는 박테리아의 종류는 몇 가지 되지 않는다. 전문가들은 마이크로바이옴 환경을 개선하려면 다양성이 핵심이라고 입을 모아 이야기한다. 다양한 박테리아가 장에 살면 건강을 더 유지할 수 있다는 것이다.

장은 면역 체계와 긴밀한 관계를 유지한다. 그렇기 때문에 장 건강이 바로 면역 체계를 균형 있게 유지하는 일이고, 면역 체계의 균형이 바로 장 건강을 지키는 일이다.

장내 미생물 증가를 위한 3가지 방법

1. 섬유질 섭취

장내 미생물은 섬유질을 먹는다. 그러니 소화기관을 건강하게 유지하려면 식사 때마다 섬유질이 풍부한 음식을 먹어야 한다. 매끼 다양한 색상의 채소를 식탁에 올려보자.

- 베리류, 키위, 콩, 양파, 마늘, 견과류, 씨앗

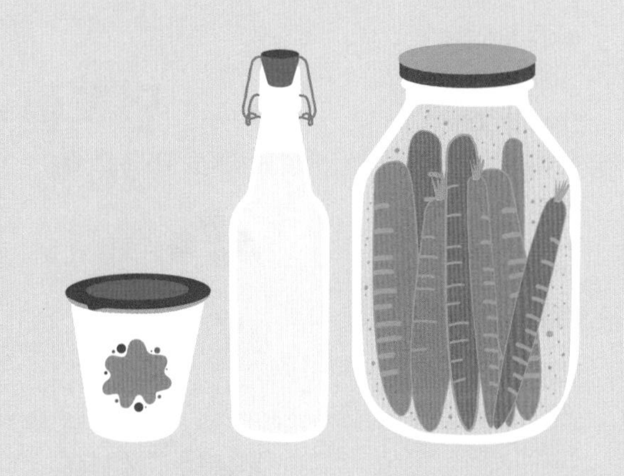

2. 발효 식품 섭취

발효 식품은 프로바이오틱스 보충제보다 프로바이오틱스 박테리아를 더 많이 함유하고 있다. 건강한 장은 곧 입에서 항문에 이르는 소화관 전체를 건강하게 유지한다.

- 생요거트, 발효 채소, 사워크라우트(독일식 김치), 김치, 생사과초모식초, 템페(콩을 발효시킨 인도네시아 대표 음식), 미소된장, 콤부차, 케피르우유

3. 간헐적 단식

최대 16시간을 단식하면 장이 휴식을 취하고 회복할 수 있다. 밤도 포함되니 저녁을 일찍 먹고 다음 날 아침은 늦게 먹자. 긴밀하게 연결된 장과 면역 체계는 서로의 도움이 필요하다. 그래서 장 건강을 지키면서 면역력까지 챙길 수 있는 여러 레시피를 이 책에 수록했다. 장을 잘 보살피면 면역 체계 역시 건강하게 유지될 것이다.

필수 영양소: 단백질, 탄수화물, 지방

우리가 섭취하는 음식은 생각, 행동, 기분, 기질과 더불어 운동 능력, 휴식 능력, 수면 능력에 영향을 준다. 또한 호르몬, 피부, 혈액, 장기, 뼈, 근육을 변화시키기도 한다. 그렇다면 우리가 먹어야 하는 음식은 무엇이며, 면역 기능에 어떤 영향을 줄까?

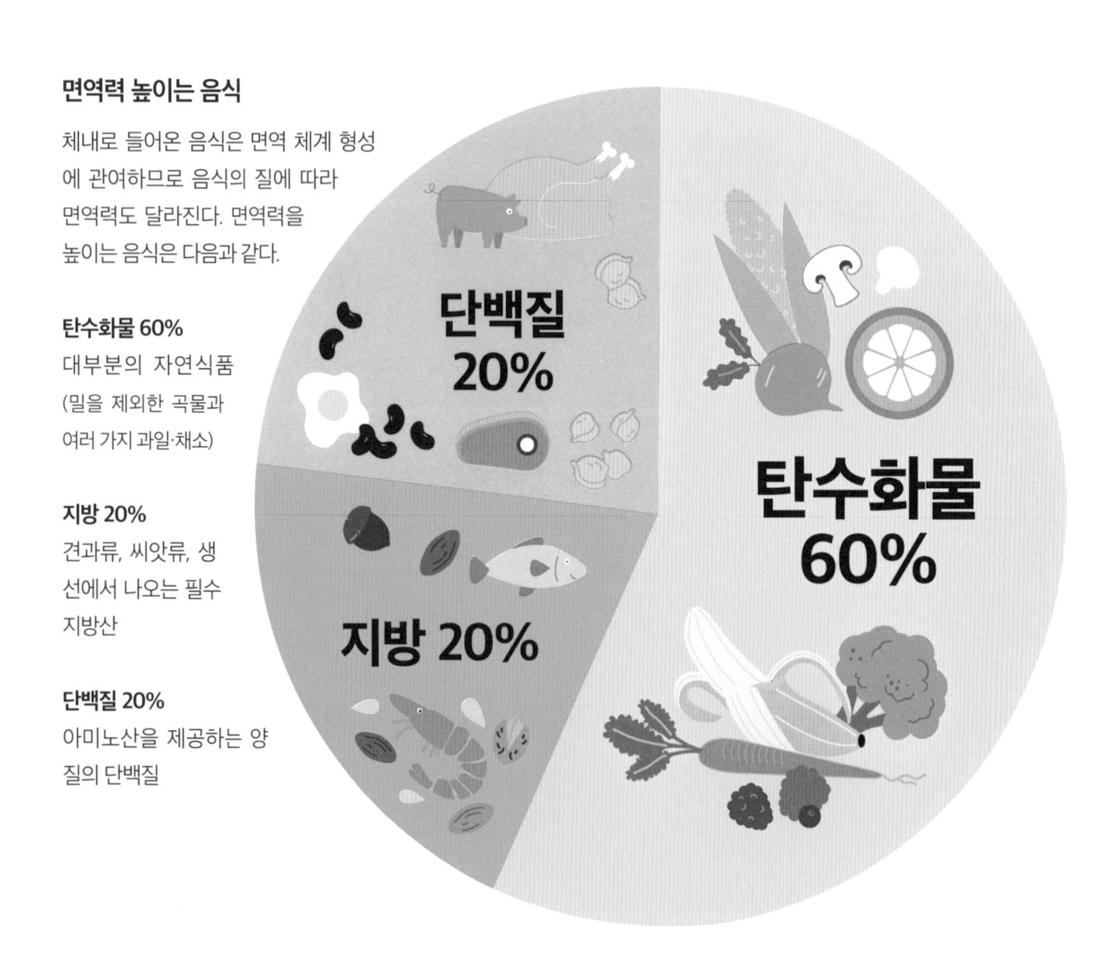

면역력 높이는 음식

체내로 들어온 음식은 면역 체계 형성에 관여하므로 음식의 질에 따라 면역력도 달라진다. 면역력을 높이는 음식은 다음과 같다.

탄수화물 60%
대부분의 자연식품 (밀을 제외한 곡물과 여러 가지 과일·채소)

지방 20%
견과류, 씨앗류, 생선에서 나오는 필수 지방산

단백질 20%
아미노산을 제공하는 양질의 단백질

단백질이란 무엇인가?

큰 분자 형태인 단백질은 세포가 정상적으로 활동하는 데 필요한 요소, 호르몬, 효소, 신경전달물질, 면역 세포, 항체가 모두 단백질로 되어 있다. 아미노산으로 구성된 단백질은 기억, 수면, 기분, 활력, 진정, 긴장과 더불어 면역 반응에도 관여하며 몸에서 필수적인 기능을 한다.

단백질이 면역 체계에 미치는 영향

단백질 부족이 면역 체계에 다양한 영향을 준다는 연구 결과가 있는데, 그중에서도 놀라운 사실이 있다. 바로 단백질 결핍이 HIV 혈청전환(인간면역결핍바이러스인 HIV에 노출된 사람이 감염되는 과정)의 핵심 원인일 수 있다는 부분이다. 그 외에도 양질의 단백질을 섭취하지 못하면 면역 세포가 고갈되어 항체를 생성하지 못하고 결국 면역 관련 문제를 일으킨다는 연구 결과가 있으며, 단백질 섭취량이 평균 수준에서 25%만 감소해도 면역 체계가 위태로워진다는 동물 연구 결과도 있다.

아미노산 & 단백질

20여 종의 아미노산으로 구성된 단백질은 성장과 회복에 관여한다. 일부 아미노산은 면역 기능에 특히 중요한 역할을 하는데, 예를 들어 글루타민과 아르지닌이라는 아미노산은 면역을 자극하는 능력 덕분에 수술 전 환자들의 식이요법으로 사용된다. 흥미롭게도 아미노산 결핍만 면역 체계를 흔드는 게 아니라 아미노산의 비율 불균형도 면역 반응에 영향을 준다고 한다.

면역 친화적인 양질의 단백질

- 다양한 콩류: 밀폐용기에 담아 서늘한 곳에 보관
- 견과류와 씨앗류
- 우유와 유제품
- 달걀
- 생선
- 닭고기
- 통곡물

아미노산이 풍부한 식사를 하면 신체에 필요한 필수 아미노산을 모두 얻을 수 있기 때문에 양질의 단백질 섭취가 중요하다. 가령 콩과 통곡물을 함께 먹으면 몸에 좋은 아미노산을 다양하게 흡수할 수 있다.

하루에 필요한 단백질량

활동량과 건강 상태, 인체 구성에 따라 조금씩 다르겠지만 성인 1명에게 필요한 단백질량은 체중 1kg당 평균 0.8g이다. 간식을 포함해 매끼 단백질이 풍부한 음식을 먹고 단백질 섭취를 늘려서 면역력을 챙기도록 하자.

탄수화물이란 무엇인가?

탄수화물은 곡물, 과일, 채소, 콩류, 견과류와 더불어 가공된 식품에 대부분 들어 있으며 체내로 들어오면 단순당으로 분해되어 에너지원으로 사용된다. 그리고 단순 당을 얻으려면 체내에 필요한 영양소가 완벽하게 들어 있는 복합 탄수화물(정제되지 않은 음식)이 최고다.

녹말

녹말은 곡물, 빵, 콩류, 녹말 채소(감자 등)를 먹으면 얻는 기본적인 복합 탄수화물이다. 그중에서 밀은 파스타, 피자, 페이스트리, 비스킷, 파이, 빵, 케이크, 그 외 여러 아침 식사용 시리얼 등 수많은 음식의 주재료지만, 밀로만 구성된 식사는 글루텐(밀에 있는 단백질) 알레르기를 유발할 수 있다. 밀 섭취를 줄이고 곡물의 종류를 늘려 식사를 하면 면역 체계에도 부담을 덜 준다. 밀 대신 보리, 귀리, 호밀, 쌀, 옥수수, 메밀을 가까이해보는 건 어떨까?

> **날음식을 먹자**
>
> 생채소를 먼저 먹고 조리된 음식을 먹는 습관을 들이자. 신체는 조리된 음식을 공격 인자로 인식하여 백혈구를 소모하지만, 날음식에는 면역 체계 군인들이 반응하지 않는다. 그래서 면역 체계는 생채소 다음에 체내로 들어오는 조리된 음식을 한결 편하게 받아들이며, 소화 과정에서 파괴되는 전체 백혈구 수도 감소한다.

설탕

포도당이 들어 있는 설탕은 뇌와 근육, 면역 체계에 마치 연료와 같은 존재지만, 서양 식단에서 흔히 보이는 설탕 불균형은 비타민 B 결핍을 초래할 수 있다. 초가공식품과 음료에는 사탕수수 등에서 나온 자당(수크로스)이라는 정제된 설탕이 들어가는데, 이 물질은 신진대사 과정에서 비타민 B와 같은 필수 비타민을 영양분으로 소모한다. 피해야 할 음식으로는 초가공식품과 음료가 있다.

섬유질

자연식품과 녹색 채소는 체내에 있는 유익한 박테리아의 영양분이 되고 몸속을 깨끗하게 청소하며 비타민 B와 필수 아미노산, 지방도 함께 제공한다. 변비가 있으면 체내에 독성물질이 증가하여 혈액 속에도 녹아들기 때문에, 섬유질을 섭취하여 장을 깨끗하게 하면 면역 체계에도 좋다.

면역에 좋은 수용성 섬유질 함유 식품은 다음과 같다.

- 귀리 겨
- 보리
- 견과류
- 씨앗류
- 감귤류 과일
- 렌틸콩
- 사과
- 딸기
- 당근

지방이란 무엇인가?

적당한 지방을 먹으면 세포막이 튼튼해지지만 과하면 세포막이 약해져서 외부 공격에 취약해진다. 특히 서양식 식단에는 건강에 좋지 않은 지방이 너무 많이 포함되어 있다.

주로 고기와 유제품에 있는 포화지방은 몸에 필요한 성분이 아니다. 좋은 지방은 몸에서 바로 흡수되고 건강에도 좋은데, 특히 올리브오일 같은 불포화 지방은 체내 흡수율이 높다. 좋은 지방 성분이 없다면 신체가 제대로 기능하지 않는다.

건강한 지방, 엑스트라버진 올리브오일

지중해식 식단에 들어가는 엑스트라 버진 올리브오일은 세계에서 가장 건강한 사람들이 먹는 음식으로 오랫동안 사랑받았다. 올리브오일에 있는 지방산과 항산화 물질이 건강을 지키는 데 큰 힘을 준다는 연구 결과도 있다. 적당량의 비타민 E와 K, 그리고 염증을 억제하는 올레오칸탈을 포함한 주요 항산화 물질이 모두 올리브오일에 들어 있다.

발연점이 높은 코코넛오일이나 아보카도오일과 같은 오일류 또한 상대적으로 건강한 기름이고 올리브오일과 함께 사용할 수 있다. 엑스트라버진 올리브오일을 샐러드, 수프, 토스트 빵 위에 뿌려 먹어보자.

오메가-6보다는 오메가-3

오메가-3 지방산은 필수 오메가-3 지방인 '알파-리놀레산'에서 만들어진다. 오메가-3 지방산이 면역 체계와 염증 반응에 미치는 영향의 범위는 현재까지 연구 중이지만, 오메가-3 지방산이 적게 들어간 식사가 만성 염증 작용과 자가면역질환 발병에 연관이 있다는 사실은 이미 밝혀진 바 있다. 체내 오메가-3 지방산 함량을 유익한 수준까지 높이려면 오메가-6 지방산의 양을 줄이고 오메가-3 지방산의 양은 늘려야 한다. 그러려면 육류와 유제품, 정제된 식품 섭취를 줄이고 오메가-3가 풍부한 음식을 먹으면 된다. 오메가-3가 풍부한 음식은 다음과 같다.

- 연어와 같은 자연산 냉수성 어류
- 아마씨, 햄프시드, 호박씨, 호박씨유, 호두
- 녹색잎 채소: 케일, 카볼로네로(이탈리아 토종 케일)

기타 건강한 고지방 식품

아보카도 올레산이라는 단일불포화지방산이 풍부한 고지방 과일이며 염증을 억제하는 효능이 있다. 샐러드, 스무디, 디핑소스를 만들 때 사용하면 좋다.

치아시드 식물성 오메가-3를 얻을 수 있는 최고의 식품이다. 항산화 물질, 섬유질, 단백질, 철분, 칼슘도 들어 있다. 스무디에 넣어 먹어도 되고, 요거트에 넣어 하룻밤 불린 후 다음 날 아침 식사로 즐겨보자.

다크초콜릿 다크초콜릿에는 건강한 지방이 적당히 들어 있을 뿐 아니라 칼륨, 칼슘, 마그네슘 같은 영양소도 들어 있다. 코코아 고형분이 70% 이상 함유된 제품을 먹자.

지방이 많은 생선 신선한 참치, 청어, 고등어, 연어, 정어리, 송어와 같이 지방이 많은 생선에는 오메가-3 지방산이 다량 함유되어 있다. 2~3장에 나온 다양한 생선 레시피를 보고 요리해보자.

아마씨 아마씨에는 오메가-3 지방산과 몸에 좋은 섬유질이 풍부하게 들어 있다. 갈아서 스무디에 넣어 마셔도 되고 요거트나 아침 식사에 뿌려 먹어보자.

견과류 아몬드, 브라질너트, 호두는 양질의 지방이 풍부한 식품이다. 식사 때마다 갖가지 견과류를 섞어 먹으면 다양한 영양분을 함께 섭취할 수 있다. 수프, 샐러드, 카레, 아침 식사에 토핑으로 뿌려 먹어보자.

면역 기능 향상: 비타민 & 미네랄

비타민과 미네랄 같은 극히 양이 적은 미량영양소는 면역 체계가 정상적으로 작동하는 데 필요하다. 여러 종류의 필수 비타민과 미네랄 중에서 특히 면역 기능에 도움을 주는 영양소를 알아보자.

여러 색깔의 음식을 먹어보자

식사 때마다 다채로운 색상의 채소를 먹으면 면역력을 높이는 데 필수적인 비타민과 미네랄, 식물 속에 함유된 화학물질인 파이토케미컬을 섭취할 수 있다. 다음은 면역 체계를 보호하는 필수 비타민과 미네랄이다.

아연

아연은 특히 노화와 관련된 감염에서 중요한 역할을 한다. 감염을 일으키는 세균을 없애는 T 세포가 나이에 영향을 받는 흉선에서 생성되기 때문이다.

- **성인 일일 권장량** 8~11mg
- **아연 함유 식품** 굴, 귀리, 생강, 땅콩, 소고기 스테이크, 달걀, 리마콩(버터빈), 양갈비 스테이크, 아몬드, 피칸, 호두, 쪼개서 말린 완두콩, 정어리, 브라질너트, 닭, 메밀

셀레늄

셀레늄 결핍은 면역 기능 손상과 관련 있다. 면역 체계를 조직하는 데 중요한 사이토카인 생성에 셀레늄이 영향을 주기 때문이다.

- **성인 일일 권장량** 60~75mg
- **셀레늄 함유 식품** 브라질너트, 사과초모식초, 가리비, 바닷가재, 새우, 적근대, 귀리, 조개, 게, 굴, 대구, 현미, 양고기, 순무, 마늘

비타민 C

세균과 감염을 막는 첫 번째 방어선은 코, 장, 폐 내벽이며 모두 콜라겐이 들어 있다. 그리고 콜라겐 합성에 필요한 성분이 바로 비타민 C다. 비타민 C를 충분히 섭취하지 않으면 신체는 내벽을 탄탄하게 하는 콜라겐을 생성할 수 없다. 비타민 C는 또한 면역을 담당하는 백혈구, 효소, 항체의 생성을 증가해 바이러스와 감염에 대한 면역 반응을 돕는다. 이러한 면역 반응 과정에서 활성 산소가 분비되어 신체가 손상을 입기도 하는데 이럴 때 비타민 C의 항염증과 항산화 작용이 큰 역할을 한다.

- **성인 일일 권장량** 100mg 내외
- **비타민 C 함유 식품** 체리, 붉은색 파프리카, 케일, 파슬리, 콜라드그린, 브로콜리, 서양대파, 방울다다기양배추, 물냉이(크레송) , 콜리플라워, 적양배추, 딸기, 시금치, 오렌지, 흰양배추, 레몬주스, 자몽

비타민 A

비타민 A는 림프구의 생성과 활동을 촉진하는 등 면역 체계의 특정 부분에 직접 관여한다. 참고로 림프구는 침입자를 공격하고 항체라는 단백질을 생성하여 감염을 막는 데 도움을 주는 세포다.

- **성인 일일 권장량** 650~750μg
- **비타민 A 함유 식품** 송아지 간, 닭 간, 당근, 콜라드그린, 케일, 고구마, 파슬리, 시금치, 근대, 차이브, 땅콩호박, 물냉이, 파프리카, 캔털루프 멜론, 버터, 엔다이브, 살구, 천도복숭아

감기를 치료하는 민간요법

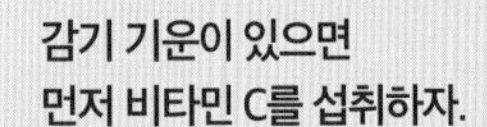

감기 기운이 있으면
먼저 비타민 C를 섭취하자.

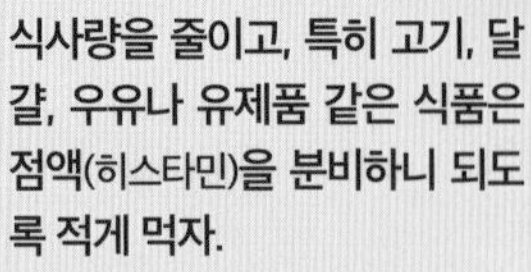

식사량을 줄이고, 특히 고기, 달걀, 우유나 유제품 같은 식품은 점액(히스타민)을 분비하니 되도록 적게 먹자.

비타민 A와 C가 풍부한 과일과 채소를 다양하게 섭취하자.

허브차와 물을 계속 마시고 카페인이 함유된 식품, 술과 담배는 삼가하자.

면역력을 강화하는 허브 보충제(에키나시아, 팅크제 등)를 섭취하자.

마음을 편안하게
하고 휴식을
충분히 취하자.

비타민 E

비타민 E는 세포막을 강화하여 세포를 보호하는 강력한 항산화 물질이다. 그리고 염증 작용을 줄여 T 세포를 돕는다. T 세포가 일단 병원균을 인식하면 분화해서 복제를 거듭하며 침입자를 압도하게 된다. 그런데 흡연이나 스트레스, 부실한 식사 등으로 산화 스트레스가 다량 발생하면 이런 면역 반응이 제대로 기능하지 못한다.

- **성인 일일 권장량** 12mg
- **비타민 E 함유 식품** 해바라기씨, 아몬드, 아몬드버터, 땅콩, 땅콩버터, 올리브오일, 시금치, 아스파라거스, 연어, 현미, 피칸, 당근

비타민 D

많은 면역 세포들이 비타민 D 수용체를 가지고 있는 만큼, 비타민 D는 면역 체계의 가장 중요한 영양소에 속한다. T 세포가 감염에 반응할 때 비타민 D는 T 세포를 활성화하는 동시에, 과도한 반응을 억제하며 면역 체계를 감시하고 조절한다. 또한 염증성 사이토카인의 생성을 통제하고 면역 세포가 항원(박테리아와 바이러스 표면에 있는 단백질)에 잘 붙게 돕기도 한다. 비타민 D는 주로 기름기 있는 생선, 달걀, 버섯 등에 있지만 음식으로 섭취하기에는 한계가 있다. 건강 전문가들은 적어도 10월~3월까지는 건강 보조식품으로 매일 10μg(마이크로그램) 정도 섭취하기를 권장하고 있다.

- **일일 권장량** 400iu

비타민 B2

비타민 B2(리보플라빈)는 면역 체계의 기능을 돕는 적혈구를 건강하게 유지하는 데 관여한다. 비타민 B2에 있는 항산화 물질은 감염에 대처하는 면역 체계를 강화한다.

- **성인 일일 권장량** 1.1~1.3mg
- **비타민 B2 함유 식품** 달걀, 살코기, 시금치, 케일, 물냉이, 브로콜리

감기 자연 치료 단계별 지침

- 감기 기운이 있으면 먼저 비타민 C를 섭취하자. 가루 형태라면 물에 희석한 과일주스에 6g을 타서 마셔보자. 하루 동안 자주 마시자.
- 면역력을 높이는 비타민과 미네랄(40쪽 참고, 특히 비타민 A, 비타민 E, 셀레늄, 아연 함유)제를 섭취하자.
- 식사량을 줄이고 과일과 채소(비타민 A와 C가 많은 당근, 비트, 풋고추, 감귤류 과일)로 차린 식사를 하자. 점액을 분비하는 음식과 기름기 있는 음식(고기, 달걀, 우유와 유제품)을 피하자.
- 술, 담배, 카페인이 들어 있는 차, 커피는 모두 피하자. 물과 허브차를 자주 마시자.
- 허브(44쪽 참고)로 면역력을 높이자. 물에 에키나시아 팅크제 15방울을 넣고 하루에 2번씩 마시자. 독감이나 심한 감기라면 하루에 4번, 중간 크기의 숟가락(디저트용 숟가락)으로 엘더베리 추출물을 떠서 먹어보자.
- 마음을 편하게 갖자. 모든 일을 느긋하게 하고 스트레스를 피하며 충분한 휴식과 수면을 취하자.
- 감기가 나았다고 생각되는 때부터 24시간이 지나면 비타민 C 섭취량을 1g으로 줄여 하루에 3번 섭취하고 3일이 지나면 일상생활로 돌아가도 좋다.

면역 기능 강화: 허브, 베리, 버섯

허브, 베리, 버섯 또한 면역력을 높이는 데 큰 역할을 하는데, 특히 스트레스와 염증 반응을 줄이는 데 효과적이다.

면역 체계의 활동을 돕는 10가지 허브

황기 면역 강화식품이다. 백혈구 수를 늘리고 항체 생성을 자극하며, 바이러스와 박테리아에 대한 신체 저항력을 높여준다. 그리고 휴지기에 머물러 있는 면역 세포를 활동적으로 바꾼다. 실제로 황기 섭취 후 대식세포 수가 증가했으며, 자연살해 세포 또한 몸속 침입자와 싸우는 능력이 크게 향상되었다. **황기는 가루나 차 형태로 섭취하자.**

블랙 엘더베리 엘더베리의 진한 보라색에는 플라보노이드(식물에 분포한 색소) 중에서도 특히 안토시아닌이 풍부하다고 알려져 있다. 항산화 물질인 안토시아닌은 면역력을 강화하고 회복력을 높인다. 또한 이 조그마한 과일 속에는 바이러스 활동력을 억제하는 강력한 항바이러스 물질도 있다고 알려졌다. 바이러스는 자가증식을 하지 못한다. 그래서 '헤마글루티닌'이라고 불리는 돌기 형태의 코팅제로 교묘하게 자신을 감싼 후 세포막을 뚫고 건강한 세포로 들어가 증식한다. 엘더베리에 다량 함유된 바이오플라보노이드는 이런 바이러스의 행동을 방해하며 바이러스를 비활성화해서 세포막을 뚫고 증식하지 못하게 막는다. **엘더베리 추출물을 섭취하자.**

커큐민 강황 뿌리에서 나온 물질이며 주로 요리에 넣는 향신료로 사용하지만, 수천 년간 약초로도 쓰였다. 연구에 따르면 커큐민은 면역 체계 내 과활성화되는 부분을 정상화하고 장내 미생물을 늘려 장 건강을 지키고 면역력 향상에도 도움을 준다고 한다. **캡슐 또는 강황 가루, 강황 차 형태로 섭취하자.**

에키나시아 오랫동안 놀라운 치료 효과를 가진 강력한 면역 자극제로 여겨졌다. 영국 의학저널 「란셋」에 따르면 에키나시아의 가장 큰 효능은 감기에 걸릴 확률을 최대 5% 정도 낮추고, 설령 감기에 걸리더라도 회복 기간을 1~2일 단축하는 능력이라고 한다. **캡슐이나 가루 형태로 섭취하자.**

마늘 마늘보다 강력한 천연 항균 물질이 있을까? 마늘은 백혈구 생성을 자극하고 박테리아, 곰팡이, 기생충, 바이러스에 대항하는 등 체내에서 광범위하게 작용한다. 항생제가 개발되고 미생물학에 대한 심도 있는 연구가 현재까지 계속되고 있다. 수많은 의료진은 마늘을 여전히 감염병에 대한 일선의 치료제로 여긴다. **하루에 마늘 한 쪽씩 익히거나 생으로 섭취하자.**

올리브잎 비타민 C보다 5배 높은 항산화 물질을 함유한 올리브잎은 면역 기능을 돕고 전반적인 건강을 유지하며 기침, 감기, 독감 증상을 완화한다. 연구에 따르면 올리브잎 추출물을 먹으면 올리브잎에 있는 항바이러스 성분이 질병을 유발하는 여러 미생물을 효과적으로 제거한다고 한다. 이 강력한 물질은 침입자를 파괴하고 바이러스가 복제하거나 감염을 일으키지 못하게 막는다. **캡슐이나 차 형태로 섭취하자.**

버섯도 면역 체계의 든든한 조력자

버섯은 가루로도 섭취할 수 있으며, 느타리버섯과 표고버섯은 근처 마트에서 손쉽게 구매할 수 있다.

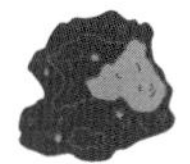

차가버섯 알려진 다당류 중에서 가장 강력하고 치료 효과가 좋은 베타글루칸이 풍부하다. 면역 체계를 활성화하고 비정상적으로 치솟은 혈당을 낮추는 데 탁월한 효과가 있다. 그리고 신체 세포와 외부 세포 인식을 도와 면역 체계가 병원균에 정확하게 반응하도록 도움을 준다.

동충하초 강력한 면역 촉진제다. 바이러스와 박테리아에게서 신체를 보호하는 자연살해 세포 수를 늘리고 활동량을 높여, 면역 체계를 자극한다.

느타리버섯 다당류라는 작은 당 분자들로 구성된 복합 탄수화물이 들어 있다. 면역 체계가 질병과 감염 반응에 최적화되도록 돕는다.

영지버섯 생물학적으로 영향을 주는 분자가 수백 개 들어 있다. 이 분자는 면역 체계를 활성화하고 장수, 수면, 심혈관, 뇌의 활동에 영향을 주며 피로를 경감한다.

표고버섯 면역 체계를 조절하는 아주 특별한 능력이 있다. 또한 강력한 항곰팡이와 항균 효과도 입증된 바 있다.

선택과 책임의 주체인 당신!

새로운 학문 분야인 정신신경면역학은 인간의 생각과 감정이 면역 체계에 미치는 영향을 연구한다. 즉 자신의 몸을 잘 알고 살핀다면 긍정적인 생각을 가지게 되어, 결국 면역 체계에도 건강한 영향을 준다는 내용이다.

면역 기능 강화: 새싹의 효능과 새싹 키우기

정해진 시간 동안 씨앗과 콩을 깨끗한 물에 푹 담가 발아시키는 일련의 과정을 일컬어, 싹을 틔운다고 한다.

새싹으로 하는 면역력 강화?

씨앗과 콩이 싹을 틔우면 안에 잠들어 있던 영양적 가치는 더 높아진다. 발아하며 저장된 녹말에서 비타민 C를 생성하는데, 새싹을 먹어 흡수된 비타민 C가 백혈구의 강력한 자극제가 되어 질병과 감염을 없애는 데 도움을 준다. 또한 새싹 속 다량의 항산화 물질은 면역력 강화에 큰 원천이 되며 소화를 촉진하고 혈액순환을 원활하게 한다.

새싹을 키워야 하는 3가지 이유

- 새싹 자체가 영양가 있고 건강한 식품이다.
- 새싹은 가스를 생성하는 곡물 속 녹말을 제거한다.
- 함유된 비타민 C가 질병과 싸우는 데 도움을 준다.

새싹은 가정에서 물과 최소한의 도구로 키울 수 있다. 발아한 콩과 곡물에는 흡수가 잘 되는 영양소가 많이 함유되어 있고 해로운 화학물질인 렉틴과 피트산은 적다. 싹을 틔운 씨앗과 견과를 샐러드, 샌드위치, 볶음 요리에 첨가하여 풍미를 더해보자.

일반적으로 많이 키우는 씨앗

알팔파, 브로콜리씨, 레드클로버씨(붉은 토끼풀), 렌틸콩, 녹두(가장 많은 비타민 C 생성), 호박씨, 해바라기씨

새싹 재배 도구

입구가 넓은 유리용기를 사용하면 쉽게 시작할 수 있다. 새싹 재배를 위한 도구는 다음과 같다. 입구가 넓은 1ℓ 밀폐식 유리용기, 고무줄 또는 요리용 끈 혹은 거즈, 뒤집은 용기를 비스듬히 기대놓을 그릇 또는 상자, 유기농 새싹 씨앗이다.

재배 방법

- 모든 도구는 깨끗하게 살균되어 있어야 한다.
- 유리용기 안에 씨앗 한 종류를 붓는다. 알팔파나 브로콜리씨처럼 작은 씨앗이면 1작은술, 일반 콩이나 렌틸콩 정도 크기라면 60g 정도가 적당하다.
- 정수기 물 240㎖를 병에 붓고 입구를 천으로 덮는다. 하룻밤이나 적어도 12시간 동안 불린다.
- 가는 체로 씨앗만 걸러 병에 담는다. 정수기 물로 헹군 후 다시 거른다. 용기를 뒤집어 비스듬히 기울여서 남은 물이 완전히 빠지고 공기가 통하게 둔다.
- 정수기 물로 하루에 몇 번씩 새싹을 헹구고 다시 뒤집어 말린다. 새싹은 하루나 이틀 정도면 발아하기 시작하고 보통 3~7일이면 먹을 수 있다.
- 다 자라면 정수기 찬물에 꼼꼼히 씻어 용기에 담아 뚜껑을 덮고 냉장고에 넣는다. 1주일 정도 보관 가능하다.

일부 씨앗(호두와 피칸)은 발아하지 않고, 일부 콩(강낭콩)은 몸에 해로우니 절대 새싹으로 먹어서는 안 된다. 새싹을 키울 때는 박테리아가 자라지 않도록 주의해야 한다.

새싹 단계를 거친 어린잎(마이크로그린)을 키워보는 것도 좋다. 치아시드나 아마씨 등으로 재배할 수 있다. 씨앗이 보통 물에서 발아하고 자란다면, 어린잎은 흙 속에서 태양 빛을 받고 자라기 때문에 특정 영양소가 훨씬 많다. 집에서는 재배 용기에 담아 주방에서 키우면 된다.

면역력을 높이는 음식: 종합편

지금까지 올바른 식습관을 알아보았지만, 실천에 옮기는 일은 또 다른 문제이다. 우선 면역력을 높이는 권장 식품을 정리해보며, 좀 더 쉽게 접근해보자.

식단을 알록달록한 무지개 색상으로 꾸며보자. 과일과 채소는 짙은 빨간색에서 밝은 주황색, 짙은 녹색에서 감미로운 노란색까지 모든 색상을 다양하게 품고 있다. 매주 다채로운 색으로 식단을 꾸며보자. 책에 나오는 레시피를 참고하여 제철 채소와 과일을 다양하게 섞어 먹고 날짜에 따라 바꿔 먹어보자. 하지만 그 전에 반드시 과일과 채소를 깨끗하게 씻어 해로운 물질을 함께 섭취하지 않도록 해야 한다.

씨앗에 관심을 가져보는 건 어떨까? 호박씨, 해바라기씨, 햄프시드, 아마씨 같은 씨앗은 면역력을 높이는 강력한 물질 덩어리며 식탁에 함께 올리면 음식의 풍미도 높여준다. 아침 식사나 샐러드에 뿌려도 되고, 가루로 갈아 페스토에 넣거나 단백질볼(250쪽 참고)에 함께 넣어 만들면 자주 먹을 수 있는 씨앗 간식으로 최고다.

마늘은 우리의 친구다. 특히 겨울에는 매일 먹도록 하자. 마늘에는 비타민 C와 셀레늄, 망간이 풍부하고 마늘 특유의 맛과 향을 내는 알리신이란 유익한 성분이 들어 있다. 마늘은 바이러스와 싸우는 T 세포의 수를 늘리고 감기와 독감 증상을 완화하는 데 탁월한 효과가 있다. 또한 스트레스를 없애는 데 큰 역할을 한다는 연구 결과도 있다. 마늘이 해로운 침입자를 물리치도록 몸에 거듭 경고를 하며, 면역에 중요한 기관인 부신의 기능을 높이고, 스트레스 호르몬 수치를 낮춰 스트레스와 피로를 줄인다는 것이다.

충분한 단백질을 섭취하자. 항체와 세포 등의 면역 체계 집단은 단백질에 의존하기 때문에 신체가 정상적인 기능을 하려면 단백질이 필요하다. 단백질은 신체 조직을 만들고 회복시키며 바이러스와 박테리아 감염과 싸운다. 하루에 55~80g 정도의 단백질 섭취는 필수다.

좋은 단백질 식품으로는 퀴노아, 두부, 템페, 풋콩, 생선, 자연 방목하여 키운 닭, 콩, 곡물이 있다.

곡물은 통곡물 형태로 먹자. 통곡물은 소화기관을 건강하게 하고 염증을 억제하여 면역 체계가 제 역할을 하도록 돕는다. 인간은 섬유질이 필요하고 장도 섬유질이 필요하며 면역 체계도 힘을 유지하기 위해 섬유질에 의존한다. 귀리, 보리, 쌀, 호밀, 메밀, 파로(farro, 고대부터 주식이었던 곡물로 보리와 비슷) 모두 몸에 좋은 통곡물이다. 요리편에 나오는 레시피를 참고하자.

당신에게 맛있는 버섯을! 버섯은 다 좋지만, 면역력을 위해 한 가지만 매일 먹어야 한다면 표고버섯을 추천하고 싶다. 표고버섯에는 비타민 B가 다량 함유되어 있고 셀레늄과 다당류라 불리는 몸에 좋은 활성 성분이 있다. 표고버섯은 감염(암을 포함하여)에 대항하는 면역 세포 생성을 자극하여 면역 체계를 조절하고 몸의 균형을 유지한다. 198쪽에 버섯 레시피가 있으니 참고하자.

집에 뼈를 차곡차곡 저장해두자. 뼈를 고아낸 육수는 아미노산과 면역력을 받쳐주는 비타민, 미네랄이 풍부하게 들어 있다. 염증을 줄이고 소화를 촉진하여 장 활동을 돕는 등 건강에 매우 좋다. 닭고기 수프는 예전부터 컨디션이 나쁠 때 먹던 추천 음식이었지만, 그 효과는 분명 단순한 믿음 이상일 것이다. 뼈를 모아 78쪽 레시피를 보고 맛있는 뼈 요리를 만들어보자.

발효 식품을 먹어보자. 장 속에 사는 박테리아는 면역 체계에 큰 영향을 주는데 발효 식품이 장에 좋은 프로바이오틱스 함량이 높다. 장 건강을 유지하면 면역력도 높아져 감기 같은 질병의 감염률이 낮아진다. 미소된장, 요거트, 발효 채소, 김치, 템페, 케피르 등의 레시피를 확인해보자.

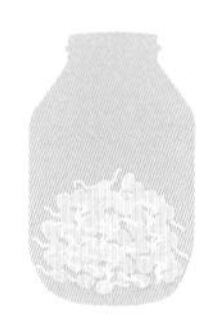

씨앗을 키워보자. 씨앗을 발아시켜보는 건 어떨까? 씨앗이 어린 식물로 발아한 새싹은 영양가가 집약된 식물로 유명하다. 필수 비타민과 미네랄 성분이 있어 면역과 소화, 신진대사에도 좋다(48쪽을 참고하여 나만의 새싹을 키워보자).

감귤류 과일로 상쾌한 기분을 맛보자. 자몽, 오렌지, 레몬, 라임 모두 몸의 독소를 제거해주는 천연 과일이다. 특히 자몽은 박테리아, 곰팡이, 기생충, 바이러스의 성장을 억제하는 강력한 힘이 있어 면역결핍 상태에 효과가 있고 감기와 독감에도 좋다. 비타민 C를 다량 함유한 레몬, 라임, 오렌지는 혈구를 건강하게 유지해 감염에 저항하는 능력을 키워준다.

강황에 주목하자. 간 건강에 최고인 강황은 항균, 항염증, 항산화 효과가 있다. 강황에 있는 터메릭이란 성분은 흑후추와 함께 먹으면 흡수율이 더욱 높아지며, 면역 활동이 과해지면 억제하는 데 도움을 주기도 한다. 또한 프리바이오틱스와 비슷한 성분 덕분에 장내 마이크로바이옴 환경을 개선해 장 면역에 도움을 준다. 강황 양파 피클(88쪽 참고)에 도전해보자.

땅콩에 미쳐볼까? 땅콩은 낮은 콜레스테롤, 풍부한 항산화 물질, 건강하고 좋은 지방이 모두 압축된 식품이다. 특히 브라질너트에 풍부하게 들어 있는 비타민 E와 B는 상승작용을 일으켜 서로의 역할에 힘을 실어주고 면역 기능을 향상하는 특별한 면역 강화 성분이다.

베리로 음식에 색을 입히자. 딸기, 라즈베리, 블랙베리, 블루베리와 같은 베리류는 비타민 C와 항산화 물질이 풍부한 식품이며 항염증과 항균 작용도 한다. 아침 식사와 함께 먹거나 주스나 스무디와 함께 갈아서 간편하게 먹고 건강을 지키자.

생활 습관의 변화

생활 습관은 면역 체계가 기능하는 데 중요한 역할을 한다. 빠른 노화와 질병에 대처하기란 쉽지 않지만 운동, 햇볕 쬐기, 스트레스 관리, 충분한 수분 섭취, 숙면은 조금만 노력하면 충분히 실행할 수 있는 영역이다.

운동

적당히 운동하기란 여간 어려운 일이 아니다. 운동량이 너무 적으면 면역력이 약해지고 과하면 면역 억제가 온다. 전염병학 연구에 따르면 활동량이 많은 사람의 매년 상기도 감염률이 그렇지 않은 사람에 비해 현저히 낮다고 한다.

림프를 계속 움직이자. 림프계는 근육 수축에 의존해서 움직인다고 알려진다. 그래서 운동을 적게 하고 고지방 식사를 하게 되면 몸속 지방 성분이 늘어나 림프가 무거워져서 결국 면역 체계가 정체하고 효율적으로 기능하지 않게 된다. 면역 세포는 다른 곳보다 림프에 많이 분포되어 있어서 림프 운동이 확실히 중요하다. 운동량이나 운동 강도는 개인마다 차이가 있으니 참고하자.

행복한 기분을 선사하는 화학물질을 생성하자. 운동을 하면 혈액 내 좋은 지방 성분만 남게 되고 심장도 튼튼해지며 부정맥도 감소한다. 그리고 호르몬처럼 작용하는 엔도르핀이라는 '행복 화학물질'이 분비되어 행복한 기분을 느끼게 해 준다.

지나친 운동은 독이 된다. 운동이 몸에 좋다고 지나치게 해서는 안 된다. 운동을 하던 사람이 단순히 면역력을 높이자는 이유로 운동량을 늘려선 안 된다는 의미다. 마라톤 달리기나 고강도 근육 운동 같은 장시간 하는 격렬한 운동은 오히려 건강을 해칠 뿐이다. 한 연구에 따르면 어느 정도 활동적으로 생활하는 사람이 계획을 세워 운동하면 효과가 훨씬 좋다고 한다. 추천할 운동은 다음과 같다.

- 일주일에 한두 번 자녀와 함께하는 자전거 타기
- 매일 20~30분 걷기
- 격일로 헬스장 가기
- 정기적으로 운동경기 하기

최고의 운동에는 어떤 게 있을까? 격일로 하든 주별로 하든 규칙적인 운동이 가장 효과가 좋다. 그리고 운동을 할 때는 감당할 수 있는 수준 안에서 심장 박동과 호흡수를 늘려야 한다.

면역 기능을 높이는 운동

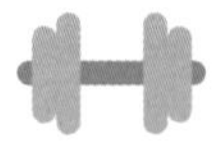

근력 운동을 하자. 힘과 체력을 기르는 운동이다. 근육을 키우고 열량을 태우며 뼈와 관절을 튼튼하게 한다. 그리고 다른 운동과 병행할 때 인내심을 늘리고 부상의 위험을 낮춘다.

5가지 추천 근력 운동

- **스쿼트**: 다리 운동을 하면서 코어 근육과 상체까지 단련한다.
- **팔굽혀펴기**(푸시업): 일반적인 팔굽혀펴기 자세는 상체 강화에 도움을 준다.
- **플랭크**: 손, 옆구리, 팔뚝에 힘을 주며 몸 전체를 지탱하는 운동이다.
- **데드리프트**: 척추, 골반, 복부를 지탱하는 코어 근육을 강화하고 악력을 길러준다.
- **로우**: 노를 젓는 것처럼 팔꿈치를 당기는 운동인 로우의 기본 동작은 리버스 벤치 프레스다. 상체를 이용해 중량을 밀지 않고 당겨서 신체를 단련한다.

걷기와 하이킹을 하자. 신선한 공기와 자연이 있는 야외로 나가면 정신까지 맑아지는데 걷기와 하이킹은 그런 면에서 뛰어난 운동이다. 함께 운동할 친구나 걷기 모임을 찾아보자. 또는 혼자서 격일로 30분씩 걷는 것부터 시작해서 조금씩 운동량을 늘려보는 것도 좋다. 온라인에 찾아보면 동기를 유발할 걷기 관련 앱이나 모임은 정말 많다.

고강도 인터벌 트레이닝(HIIT)을 해보자. 일정 시간(보통 20~60초 정도) 동안 최대한 격렬하게 운동하고 같은 시간 동안 쉬는 방식이다. 천천히 꾸준하게 하는 운동과 비교해보면 심박수가 훨씬 증가하고 빨라지는 것을 알 수 있다. 매우 격렬한 운동이지만 시간이 15~20분 정도밖에 소요되지 않는다는 장점이 있다. 그러나 평소에 규칙적으로 운동하지 않는 사람이라면 걷기와 근력 운동으로 기초 체력을 쌓은 후 고강도 인터벌 트레이닝을 시작해야 한다.

스트레칭과 유연성 운동을 하자. 역시 운동 효과가 뛰어나다. 요가나 필라테스 수업을 규칙적으로 들으며 유연성을 길러볼 수 있다. 적당히 스트레칭하면 림프 세포가 몸 구석구석 골고루 퍼지고 몸이 유연해져 움직임이 편하다. 온라인에도 수업이 많으니 마음에 드는 걸로 선택해 꾸준히 해보자.

허벅지 뒤쪽 근육(햄스트링) 스트레칭 방법

① 다리를 골반 너비로 벌려 바르게 선다. 무릎을 살짝 구부리고 팔은 옆구리에 붙인다.
② 머리, 목, 어깨 힘을 빼고 숨을 천천히 내쉬며 머리를 바닥 쪽으로 향한 채 허리를 앞으로 천천히 숙인다.
③ 팔로 다리 뒤쪽을 적당히 감싸고 45초~2분간 자세를 유지한다.
④ 다시 팔을 풀고 무릎을 살짝 구부린 채 바닥에 손을 댄다.
⑤ 마지막으로 목, 등, 엉덩이(둔근), 허벅지 뒤쪽, 종아리를 스트레칭한다.

휴식 & 소화

요가 자세를 취하거나 몸을 늘리는 스트레칭(허리를 숙이며 손을 쭉 뻗는 자세, 허벅지 근육 뒤쪽 스트레칭 자세)을 해보자. 신경계가 경직된 상태에서 좀 더 이완된 상태로 변할 것이다. 허리를 숙여 손을 밑으로 뻗는 자세를 하면, 머리가 심장보다 아래에 위치해 마음이 안정되고 심장 박동이 느려지며 호흡수가 줄어든다. 게다가 두통에도 효과가 있다. 몸통을 다리 쪽에 붙이는 자세 또한 소화력을 높여 면역 기능을 강화한다.

햇빛을 받자

하루에 최소 30분간 야외에 있는 습관을 들인다면 면역력은 훨씬 높아질 것이다. 햇빛은 면역 체계에 필요한 영양소다. 피부의 인터루킨-1(IL-1)이라는 세포는 아주 강력한 면역 강화 물질을 생성하여 T 세포의 재생을 독려해 수를 빠르게 증가시키는데, 특히 자연광에 자극을 받는다. 그래서 매일 밖에서 일정한 시간을 보내는 게 좋다. 하루에 30분간 햇빛을 받는 습관을 들이자.

몸과 마음의 연결

정신·감정 상태와 면역력의 관계는 누구도 부인하지 못할 것이다. 면역 세포 수치, 면역글로불린 수치, 면역 세포 활동성이 마음의 상태에 따라 달라진다는 연구 결과가 있다.

면역에 좋은 요소

평온함, 배려심, 공감, 편안함과 명상, 웃음, 좋은 관계, 감정 표현, 직업 만족, 태극권과 요가, 음악

면역력에 나쁜 요소

만성 스트레스, 화와 급한 성미, 슬픔, 비관, 외로움, 억눌린 감정, 직업 불만족, 수면 부족, 소음

심리학자들은 사람의 '온몸'이 생각과 감정을 느낀다고 말한다. 즉 모든 면역 세포가 생각을 담당하는 '화학물질' 전달자인 신경전달물질에 동일하게 반응한다는 믿음이다.

정신 건강에 도움이 되는 방법

자신과 다른 사람에게 너그러워져라. 우울과 불안한 감정으로도 신체는 염증과 감염에 취약해질 수 있으며, 염증 수치가 높으면 우울해진다. 그래서 마음과 감정을 잘 다스리는 게 면역 체계를 건강하고 강하게 유지하는 좋은 방법이다.

긍정적인 생각을 돕는 3가지 전략

- 하루에 두 번, 감사할만한 일 3가지 생각해보기
- 하루에 적어도 두 번, 무작위로 친절 베풀기
- 일주일에 적어도 두 번, 도움이 필요한 친구 돕기

스트레스가 만성이 되지 않게 하자. 스트레스를 받으면 문제를 해결하기 더 어렵다. 그러니 이런 상황을 겪을 때마다 배우는 자세로 문제 해결에 임해보면 어떨까? 마음가짐이 달라지면 사고방식도 긍정적으로 바뀌고, 나아가 스트레스도 줄어들 것이다.

행복을 만끽하자. 어떤 일이든 심각하게 받아들이면 즐거움을 느낄 순간도 줄어든다. 항상 웃고 열린 마음을 유지하도록 노력해보자.

즐기는 일을 찾아서 해보자. 물론 행동으로 옮기기는 쉽지 않겠지만 자신이 좋아하는 게 어떤 것인지 생각해보는 자체도 도움이 될 것이다.

마음을 편하게 갖자. 생각 이상으로 중요한 부분이다. 매일 마음을 차분하게 가라앉히는 연습을 해보자. 자신을 돌보는 일도 치료 행위의 일종이며 혼자서도 할 수 있다. 명상도 좋고 취향이 아니라면 혼자 또는 친구와 산책을 해보자. 요가는 신체를 이완하고 마음을 편안하게 해주는 운동이다. 마음을 안정시켜줄 방법을 잘 생각해보고 매일 실행하자.

당신은 수분 섭취를 충분히 하고 있는가?

물은 면역 체계를 건강하게 유지하는 기본 요소다. 우리 몸은 혈액 속 영양소에 많이 의존하고 있고 혈액은 대부분 물로 이루어져 있다! 물을 충분히 마시지 않으면 영양소는 각 기관으로 적절히 운반되지 않을 것이다.

충분한 수분공급은 체내 독소 배출에도 매우 중요하다. 물은 림프 순환을 원활하게 하고 외부 침입자와 다른 불필요한 성분을 내보내 몸을 깨끗하게 만든다. 탈수는 근육 경직, 두통, 세로토닌 저생산, 소화계 문제를 유발한다.

- 수분 섭취 하루 권장량: 6~8잔의 물 = 1.2ℓ

  (커피 1잔당 물 1컵, 술 1잔당 물 2컵 섭취)

물에 레몬을 넣으면 비타민 C도 함께 섭취할 수 있다. 물에 레몬즙을 섞어 마시거나 레몬을 썰어 몇 조각을 물에 넣어 마시면 소화에도 좋고 독소 배출에도 도움을 준다.

따뜻한 차 한 잔도 탁월한 선택이 될 수 있는 면역 강화 음료다. 차에 있는 항산화 성분이 체내에 해로운 활성 산소를 파괴하고 질병도 예방한다. 특히 녹차는 면역 기능 향상과 자가면역질환 억제에 큰 역할을 하는 '조절 T 세포'의 수를 늘리는 데 효능이 있다.

전해질에는 칼륨, 마그네슘, 나트륨, 칼슘 등이 있다. 저당 전해질 가루(파우더)나 코코넛 워터를 먹으면 신체가 정상적으로 수분을 공급받을 수 있어서 좋다.

양질의 수면 또한 중요한데 수면 부족이 면역 체계에 영향을 줄 수 있기 때문이다. 연구에 따르면 수면을 충분히 취하지 못하거나 깊이 잠들지 못하는 사람은 감기 같은 바이러스에 취약하다고 한다. 또한 수면 부족은 아플 때 회복 속도에도 영향을 준다.

면역 체계는 잠을 잘 때 사이토카인이라는 단백질을 분비한다. 일부는 당신이 깊은 수면에 빠지게 하고, 일부는 몸에 감염 또는 염증이 생기거나 스트레스를 받았을 때 분비량이 늘어나기도 한다. 하지만 수면 부족은 이런 보호 역할을 하는 사이토카인의 생성을 저하하고 감염과 싸우는 항체와 세포 수도 줄인다.

면역 기능 향상에 필요한 수면 시간은?

최적의 하루 수면 시간은 성인이라면 평균 7~8시간이다. 그리고 청소년은 9~10시간, 취학 아동은 10시간 이상 자야 한다.

수면의 질 높이기

신체 수면 각성 주기를 맞추려면 매일 같은 시간에 잠들고 일어나야 한다. 주말에도 늦잠은 금물이다. 낮잠을 자야 한다면 너무 늦지 않은 시간대여야 하고 15~20분 정도로 조금만 자야 한다. 다음은 수면에 도움이 되는 몇 가지 비결이다.

1. 빛을 조절하자

아침에는 밝은 빛을 듬뿍 받고 낮 동안에는 밖에서 좀 더 많은 시간을 보내자. 집이나 작업 공간에 햇빛이 최대한 잘 들어오게 해야 한다. 잠자리에 들기 1~2시간 전에는 너무 밝은 스크린 빛을 피하자. TV를 늦게까지 시청하지 말고 침실 조명을 어둡게 낮추면 수면에 도움이 된다.

2. 낮에는 운동하자

낮에 열정적으로 운동하면 잠이 쉽게 든다. 가벼운 운동도 괜찮다. 하지만 잘 시간대의 운동은 신진대사를 촉진하고 체온을 높이며 각성 호르몬인 코르티솔 생성을 자극하기 때문에 피하도록 하자. 모두 잠을 방해하는 요소다.

3. 현명하게 먹고 마시자

밤에는 카페인을 조절하고 과식을 피하자. 밤새 화장실을 들락거리고 싶지 않다면 저녁에는 수분 섭취도 줄이는 게 좋다.

4. 긴장을 풀고 머리를 비우자

낮에 뇌를 과도하게 자극하면 밤까지 긴장이 이어질 수 있다. 취침 시간에 마음을 차분히 가라앉히려면 핸드폰과 SNS도 낮에 시간을 따로 정해 확인하도록 하자.

5. 수면 환경을 개선하자

침실을 어둡고 시원하고 조용하게 유지하며 침대는 오로지 수면과 관계의 용도로만 쓰자. 침실에서 일, TV 시청, 핸드폰, 태블릿, 컴퓨터 사용을 하지 않으면 뇌는 이곳을 오로지 잠을 자고 관계를 하는 곳으로만 연결해 밤에 긴장이 쉽게 완화된다.

6. 수면법을 배우자

최대한 몸의 감정에 집중하고 호흡운동을 하면서 머리를 비워보자. 하지만 15분이 지나도 잠이 들지 않는다면 침대에서 일어나 조명을 낮추고 독서 같은 조용하고 자극적이지 않은 활동을 해보자. 만약 걱정이 있어 잠이 들지 못하는 거라면 종이에 걱정거리를 모두 적고 다음 날까지 미뤄두자. 다음 날이 되면 고민을 해결하기 한결 수월할 것이다.

심호흡 운동

- 복식호흡은 흉식호흡과 달리 마음에 안정을 주고 심박수와 혈압, 스트레스 지수를 낮추어 수면에 도움이 된다.
- 침대에 바르게 누워 눈을 감는다
- 한 손은 가슴에, 다른 손은 배에 올린다.
- 코로 숨을 들이쉰다. 배에 있는 손이 자연스레 올라가고, 가슴에 있는 손은 조금 올라갈 것이다.
- 입으로 숨을 내뱉는다. 배 근육을 수축시키면서 최대한 많은 공기를 내뱉어보라. 숨을 내뱉는 동안 배에 있는 손은 움직이지만, 가슴에 있는 손은 거의 올라가지 않을 것이다.
- 코로 숨을 들이마시고 입으로 내뱉기를 반복하라. 아랫배가 오르내리는 게 확연히 보일 정도로 충분히 숨을 들이쉬자. 숨을 내뱉을 때는 숫자를 천천히 세면서 내뱉자.

면역 강화 음식으로 식단 변경하기

지금 당장이라도 식단을 바꿀 수 있는 좋은 대체 식품을 소개한다. 면역 체계의 균형을 유지하는 음식을 더 많이 먹으면 면역 환경이 개선될 것이다.

VS

콘플레이크

1회당 영양 정보 열량 100kcals / 지방 4g / 탄수화물 29g
단백질 4g / 1회 제공량 25g

귀리

1회당 영양 정보 열량 190kcals / 지방 9g / 탄수화물 83g
단백질 15g / 1회 제공량 50g

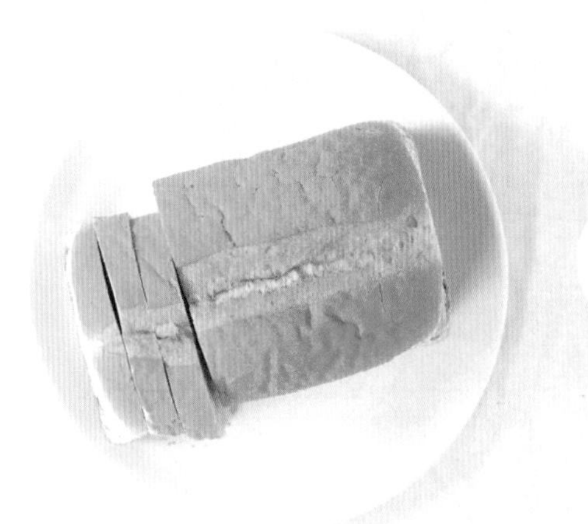

VS

흰빵

1회당 영양 정보 열량 67kcals / 지방 0.8g / 탄수화물 12g
단백질 2.2g / 1회 제공량 1장(25g)

고대 곡물빵*

1회당 영양 정보 열량 70kcals / 지방 1.5g / 탄수화물 13g
단백질 2g / 1회 제공량 1장(28g)

* 밀의 선조 격인 스펠트밀이나 엠머밀 등으로 만든 빵으로 일반 밀가루와 비교해 단백질, 섬유질, 비타민이 풍부하고 소화가 잘되는 게 특징

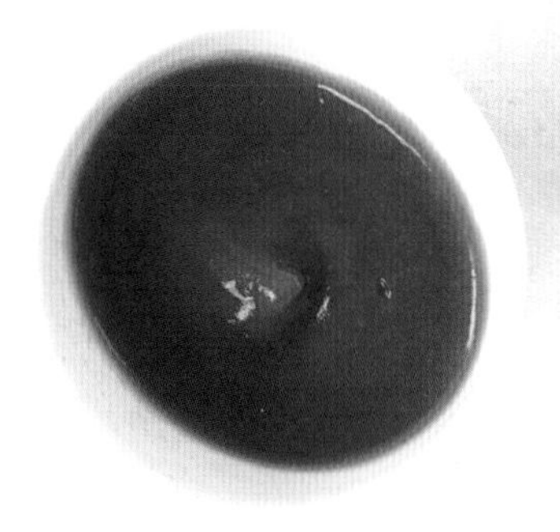

VS

토마토케첩 같은 소스

1회당 영양 정보 열량 17kcals / 지방 0g / 탄수화물 4.7g
단백질 0.2g / 1회 제공량 1큰술

발효 음식 & 피클

1회당 영양 정보 열량 9.5kcals / 지방 0.1g / 탄수화물 2.1g
단백질 0.5g / 1회 제공량 50g

VS

간(다진) 소고기

1회당 영양 정보 열량 255kcals / 지방 17g / 탄수화물 0g
단백질 24g / 1회 제공량 125g

간(다진) 칠면조 고기

1회당 영양 정보 열량 151kcals / 지방 5g / 탄수화물 2g
단백질 22g / 1회 제공량 125g

VS

밀크초콜릿

1회당 영양 정보 열량 161kcals / 지방 8.9g / 탄수화물 18g
단백질 2.3g / 1회 제공량 30g

다크초콜릿

1회당 영양 정보 열량 164kcals / 지방 9.4g / 탄수화물 18g
단백질 1.5g / 1회 제공량 30g

VS

백미

1회당 영양 정보 열량 117kcals / 지방 0.3g / 탄수화물 25g
단백질 2.4g / 1회 제공량 90g

현미

1회당 영양 정보 열량 101kcals / 지방 0.8g / 탄수화물 21g
단백질 2.1g / 1회 제공량 90g

VS

일반 파스타

1회당 영양 정보　열량 87kcals / 지방 0.5g / 탄수화물 17g
단백질 3.2g / 1회 제공량 55g

통밀 파스타

1회당 영양 정보　열량 82kcals / 지방 0.9g / 탄수화물 17g
단백질 3.3g / 1회 제공량 55g

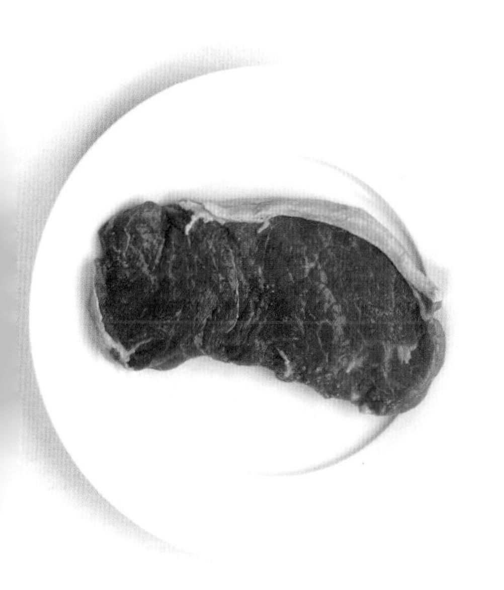

VS

소고기 스테이크

1회당 영양 정보　열량 222kcals / 지방 15g / 탄수화물 0g
단백질 21g / 1회 제공량 80g

연어 스테이크

1회당 영양 정보　열량 165kcals / 지방 9.9g / 탄수화물 0g
단백질 18g / 1회 제공량 80g

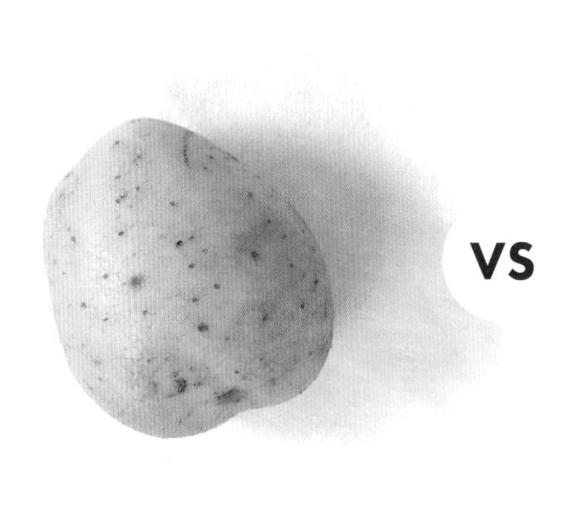

VS

감자

1회당 영양 정보 열량 161kcals / 지방 0.2g / 탄수화물 37g
단백질 4.3g / 1회 제공량 173g(중간 크기 1개)

고구마

1회당 영양 정보 열량 103kcals / 지방 0.2g / 탄수화물 24g
단백질 2.3g / 1회 제공량 130g(중간 크기 1개)

VS

과일 요거트

1회당 영양 정보 열량 105kcals / 지방 0.2g / 탄수화물 21g
단백질 4.8g / 1회 제공량 110g

신선한 과일이 첨가된 천연 요거트

1회당 영양 정보 열량 75kcals / 지방 1.7g / 탄수화물 9.2g
단백질 5.9g / 1회 제공량 110g

VS

아이스크림

1회당 영양 정보 열량 207kcals / 지방 11g / 탄수화물 24g
단백질 3.5g / 1회 제공량 100g

과일주스 막대사탕

1회당 영양 정보 열량 79kcals / 지방 0.2g / 탄수화물 19g
단백질 0g / 1회 제공량 100g

VS

탄산음료

1회당 영양 정보 열량 95kcals / 지방 0.6g / 탄수화물 23g
단백질 0g / 1회 제공량 225㎖

콤부차

1회당 영양 정보 열량 31kcals / 지방 0.5g / 탄수화물 5.3g
단백질 2.7g / 1회 제공량 225㎖

면역 균형을 유지하는 식품: 기본 재료

여기에서 소개하는 식품들은 평상시에 구비해두면 좋다. 이러한 식품들이 뒤에 나올 28일 식단의 기초가 될 것이다.

보관 식품

견과류 & 씨앗류 단백질 섭취로는 최고의 재료다. 간식으로 먹고 아침 식사나 샐러드에 뿌려 먹기도 하며 버터로 만들고 페스토에도 넣는다. 특히 아몬드와 캐슈너트 같은 견과는 버터나 페스토 만들기에 좋다. 햄프시드, 아마씨, 치아시드는 완전 단백질이라 필수 아미노산이 풍부하다.

허브 & 향신료 마늘, 생강, 강황, 카이엔페퍼, 시나몬은 모든 음식의 맛과 향을 한 차원 끌어올려주는 데다 면역 반응을 촉진해 신체를 보호하기도 한다. 독감의 증상을 완화하고 염증을 줄이는 능력 외에도 갖가지 효능을 두루 갖춘 훌륭한 식품이다.

양질의 오일 엑스트라버진 올리브오일과 대마종자유는 면역 기능에 탁월한 효과가 있다. 보통 조리에는 쓰지 않고 익히거나 날 음식에 풍미와 면역을 더하기 위해 뿌려 먹는다.

빵과 케이크용 밀가루 가정에서 많이 쓰는 일반 밀가루는 공정 과정으로 인해 영양소가 적은 편이다. 스펠트밀, 메밀, 호밀 같은 통곡물로 만든 밀가루를 쓰면 색다른 맛이 추가되어 식단이 더 풍성해질 것이다.

식초 사과초모식초는 면역 체계, 특히 장 속 마이크로바이옴을 돕는 데 탁월한 효과가 있다. 샐러드드레싱, 피클, 소스를 만들 때 일반 식초처럼 써보자. 아침 식사 전 따뜻한 물에 식초 1큰술을 넣어 마시면 소화가 촉진된다.

콩류 섬유질 부자인 콩은 아연의 함량이 높고 소화에도 좋다. 콩을 처음부터 손수 요리하면 최대의 효과를 거둘 수 있다. 하룻밤 불리고 다음 날 1시간 동안 삶는 방식이다. 한 주에 쓸 양을 한 번에 대량으로 준비한 후 통곡물 음식이나 샐러드에 첨가해 먹어보자. 준비할 시간이 없다면 통조림을 이용해도 된다. 병아리콩, 흰강낭콩(카넬리니콩), 녹두, 리마콩(버터빈)에서 갈색·붉은색 렌틸콩, 풋콩까지 종류가 다양하다.

파스타(면) & 국수 갖춰 두면 빠르게 포만감을 주는 요리를 할 수 있어서 매우 유용한 재료다. 통밀, 렌틸콩, 병아리콩으로 만든 파스타를 구매해 영양가도 챙겨보는 건 어떨까? 국수도 이왕이면 메밀국수를 찾아보자.

말린 과일 살구, 말린 자두(푸룬), 체리나 다른 좋아하는 말린 과일을 사서 집에 보관해두자. 말린 과일은 섬유질이 풍부하여 건강한 간식도 되고 아침 식사용 죽과 샐러드에 첨가해 먹기에 좋은 음식이다.

통곡물 몸에 좋고 소화가 잘되는 통곡물은 다른 음식과 곁들여 먹는 주식이나 마찬가지다. 어떤 음식과도 잘 어울리며 고기나 생선을 적게 먹은 날에 콩, 완두콩, 렌틸콩을 함께 섞어 먹으면 단백질까지 챙길 수 있다. 이를테면 현미, 파로, 프리카, 퀴노아 등의 곡물을 렌틸콩, 병아리콩, 녹두, 카넬리니콩과 섞으면 고단백 식사가 된다.

면역 균형을 유지하는 식품: 과일 & 채소

과일과 채소는 대부분 냉장고에 보관할 수 있다. 특히 야채칸은 과일과 채소의 모양을 유지하고 수분 증발도 막아 신선도가 오래 유지되기 때문에 유용하다.

저장 식품

베리류 설탕 함유는 적고 비타민 C와 섬유질이 풍부한 과일이다. 아침 식사나 스무디에 베리를 넣어 먹으면 이 모든 장점을 누릴 수 있다. 게다가 항산화 물질도 많아 면역력에도 도움이 된다. 아사이베리, 블루베리, 딸기, 라즈베리, 블랙베리, 고지베리 등을 먹어보자.

감귤류 과일 다량의 비타민 C와 항산화 물질이 들어 있어 백혈구 성장을 돕고 몸의 방어력을 높인다. 레몬, 라임, 자몽은 감기 같은 질병에 효과가 좋다. 껍질을 갈아 샐러드나 양념한 음식에 넣어 상큼함을 첨가하거나 즙을 짜서 드레싱이나 양념장에 넣어 먹어도 된다.

석류 박테리아와 독감을 포함한 몇 가지 바이러스에 효과가 있는 과일이다. 그냥 먹어도 되고 씨를 요거트나 샐러드에 뿌려 먹어도 된다. 주스로 만들면 맛도 좋고 갈증도 해소해준다.

수박 글루타티온이라 불리는 항산화 물질을 다량 함유하고 있어 감염에 효과가 있다. 주스 형태로 간편하게 마시고 몸에 활력을 불어넣자.

버섯 셀레늄, 비타민 B, 아연과 같은 면역 체계 강화에 좋은 주요 영양소가 들어 있다. 조리 방법은 다양하다. 간편하게 볶아 먹어도 되고 수프나 소스로 만들어 먹어도 된다. 아니면 굽거나 버섯 안에 소를 채워 넣어 먹어도 맛있다.

비트 뿌리, 줄기, 잎에는 건강한 면역 체계를 촉진하고 돕는 영양분이 많다. 주스로 갈아 마시거나 샐러드에 생으로 넣어 먹고 잎은 살짝 데쳐 밥이나 스튜에 섞어 먹어보자.

후추 베타카로틴, 비타민 K1, E, A, C, 엽산이 풍부하다. 후추 종류마다 들어 있는 영양소도 다르니 다양한 색상으로 즐겨보자. 스튜, 샐러드, 소스, 볶음 요리에 넣으면 된다.

브로콜리, 콜리플라워 & 방울다다기양배추 배추속 식물에 속하는 채소다. 면역 반응을 촉진하는 항산화 물질인 설포라판을 함유하고 있다. 뒤에서 이런 배추속 식물의 요리법을 알아보자.

당근 베타카로틴(프로비타민 A)을 얻을 수 있는 훌륭한 식품이다. 베타카로틴에 있는 항산화 물질은 활성 산소, 세포 손상, 염증에 맞서 싸우는 면역 체계를 돕는다. 157쪽을 참고하여 생당근 수프를 만들어보자.

양배추 면역력을 유지하는 데 좋은 글루타티온이라는 항산화 물질이 들어 있다. 수프나 스튜에 넣어 먹고 볶음 요리에 첨가하거나 독일식 김치인 사워크라우트(83쪽 참고)로 만들어 먹어보자.

시금치 엽산이 함유되어 새로운 세포를 생성하고 DNA를 회복하는 데 도움을 주며 비타민 C, 섬유질, 항산화 물질도 들어 있다. 익히지 않고 스무디나 페스토에 넣어 갈거나 혼합 샐러드와 섞어 먹거나 살짝 쪄서 스튜, 볶음 요리, 소스에 넣어 먹어보자.

고구마 면역력을 높이는 비타민 A, C, E가 풍부하며 껍질에는 섬유질과 칼륨이 더 많이 들어 있다.

마늘 주방의 기본 재료인 마늘은 단순히 음식의 풍미를 높이는 역할이 다가 아니다. 예를 들어 생마늘은 박테리아, 바이러스, 곰팡이와 싸우는 능력 덕분에 피부 감염에도 효과적이다.

생강 항산화 물질이 풍부하게 들어 있다. 뜨거운 물에 푹 담가 차로 마셔도 되고, 볶음 요리에 넣거나 피클로 만들어도 된다.

면역 균형을 유지하는 식품: 유제품 & 단백질

유제품과 단백질 식품은 영양이 풍부하고 건강에 좋으며, 특히 균형 있게 먹으면 효과가 배로 늘어난다. 다음은 이 책에 나오는 레시피에 필요한 저장 재료다.

저장 재료

요거트 생미생물이 가득한 신선한 요거트를 추천하며 직접 만들어본다면(114쪽 참고) 영양가는 더 높아질 것이다. 요거트는 소화와 면역 건강에 좋으니 아침 식사에 곁들여 먹거나 소스에 넣어 먹자. 다른 음식을 찍어 먹는 용으로 사용해도 좋다.

케피르 면역 체계를 정상적으로 기능하도록 돕는 비타민 B12가 있는 자연식품이다. 요거트로도 사용할 수 있어 스무디, 아침 식사, 드레싱에도 안성맞춤이다. 케피르는 발효 음식이며 전통적으로 우유와 케피르그레인(티베트버섯, 116쪽 참고)을 이용해 만든다.

달걀 풍부한 단백질을 얻을 수 있으며 주말 아침에 먹으면 늘어지는 하루에 활력을 더해준다. 달걀에는 면역 기능을 촉진하는 비타민 D와 E, 아연, 셀레늄 같은 영양소가 함유되어 있다. 되도록 유기농 달걀을 구매하자.

우유 소젖에는 프로바이오틱스, 비타민 D, 면역글로불린과 같은 영양소가 들어 있어 알레르기 위험을 낮춰준다. 농약이나 항생제가 남아 있을지 모르니 되도록 유기농 우유를 구매하자. 원유는 선천, 적응 면역 체계(25쪽 참고)를 강화하는 데 효과가 좋아서, 구입처를 알고 있다면 원유를 사는 것도 좋다.

식물성 우유 동물성 우유를 대체할 수 있다. 영양소가 풍부하며, 특히 아몬드 우유에는 비타민 B와 철분이 함유되어 있다. 소화도 잘되고 집에서도 충분히 만들 수 있다.

닭과 칠면조 감염에 대항한 항체 생성에 도움을 주는 아미노산을 얻을 수 있다. 닭 뼈 육수(78쪽 참고)를 만들어 뼈에서 녹아 나온 장에 좋은 젤라틴과 콘드로이틴, 그 외 여러 영양소를 흡수하자.

생선 연어, 고등어, 대구, 참치와 같은 기름기가 많은 생선에는 비타민 A와 B가 많다. 면역 체계가 정상적으로 기능하게 돕는 성분이며 염증을 막고 적혈구와 백혈구 성장을 촉진하여 체내 산소 전달률을 높이고 질병에 맞설 수 있게 도움을 주기도 한다.

두부 9종의 필수 아미노산이 들어 있는 대표적인 식물성 단백질 식품이다. 열량이 낮고 철분과 칼슘, 여러 종의 미네랄, 비타민을 함유하고 있다. 단단한 두부를 양념에 재워서 볶거나 스크램블(197쪽 참고)로 만들어 먹으면 별맛이다.

템페 영양소가 집약된 콩 음식이다. 단백질 함량이 높고 다양한 비타민과 미네랄을 함유하고 있다. 또한 템페 속 프리바이오틱스는 소화기관과 장 건강에 도움을 주며 면역 건강을 지킨다. 템페는 그대로 먹기가 힘들어 잘라서 스튜에 넣고 조리하면 템페 고유의 맛을 가득 느낄 수 있다. 편하게 한입 크기로 썰어 볶은 뒤 소스에 찍어(241쪽 참고) 먹는 것도 좋은 방법이다.

특별 조리 도구

다음은 재료 준비를 좀 더 수월하게 도와줄 주방 도구이다. 이 책에 실린 레시피는 대부분 간단하고 쉬워 누구나 금방 따라 할 수 있지만, 다음에 나오는 조리 도구까지 갖춰놓는다면 면역력 강화를 위한 28일 식단을 시작하는 데 도움이 될 것이다.

유용한 조리 도구

잘 드는 칼 주방에서 유용하게 쓸 톱날 칼과 날카로운 칼을 하나씩 준비해두자. 톱날 칼은 부드러운 과일을 썰거나 생강과 마늘같이 작은 재료를 썰 때 안성맞춤이고, 날이 잘 선 중간 크기 칼은 큰 채소를 썰기 좋다.

채소 껍질 벗기는 칼(혹은 감자칼) 과일과 채소는 섬유질이 풍부해 장에 좋다. 그리고 책에서 자주 언급되는 재료라 잘 드는 감자칼을 갖춰 두면 재료 손질이 편하다. 채소 제면기는 애호박 스파게티를 만들 때 빠르게 사용할 수 있어 유용하다.

베이킹트레이 베이킹시트보다 깊이가 깊어서 채소와 단백질볼을 굽기 안성맞춤이며, 그래놀라를 구울 때도 아주 유용하다.

큰 볼 콩을 직접 요리하고 싶다면 갖춰 두자. 물을 가득 담을 수 있어서 하룻밤 동안 콩을 불리는 데 편리하게 사용할 수 있다.

고성능 믹서기 드레싱, 스무디, 주스 등 원하는 질감을 만들 수 있다.

푸드프로세서(식품 가공기) 페스토, 소스, 콜리플라워 라이스, 단백질볼 등을 만들 때 쓰면 좋다. 준비 시간을 줄여주기 때문에 맛에 좀 더 집중할 수 있다.

식빵틀 빵을 직접 만들면 보람도 있고 몸의 균형을 건강하게 유지하는 데 좋다. 슈퍼 씨앗빵을 만들 때는 식빵틀이 필요하다. 110쪽 레시피를 보고 만들어보자.

재사용이 가능한 유리용기와 높이가 낮은 보관용기 최대한 효과를 거두기 위해 재료 준비는 필수다. 한 주간 사용할 재료를 미리 만들어 유리용기나 다른 보관용기에 넣으면 꺼내 쓰기 편리하다. 높이가 낮은 용기는 쌓아서 보관하기 더 좋지만, 잼 용기가 냉장고에서 자리를 많이 차지하지 않기 때문에 추천한다.

2

28일 식단에 필요한 기본 레시피

지금까지 면역의 역할과 함께 건강과 생활 습관이 면역에 미치는 영향은 무엇인지 알아보았다. 이제 실생활에 적용할 수 있는 요리 분야를 살펴볼 차례다. 다음 장에는 면역력을 높여줄 맛있고 건강한 레시피가 나오니 식사를 준비할 때 한번 활용해보자. 어떻게 시작해야 할지 감이 오지 않는다고? 이 책에 모두 나와 있으니 걱정은 접어두자. 2장부터는 차근차근 읽어보고 구미가 당기는 추천 음료와 간식 편도 살펴보자. 책에 담긴 모든 요리가 당신의 면역력을 위한 것임을 기억하자. 이제 다시 신체를 단련하고 균형을 맞출 시간이다.

2장을 시작하기 전에

2장에는 28일간 면역력 강화 계획에 필수적인 기본 요소를 모두 담았다. 대부분 한 주에 적어도 한 번 이상은 다시 사용하는 음식이라, 모든 요리에 든든한 뒷받침이 되어줄 것이다.

이제 육수 내기, 곡물 조리, 맛있는 드레싱 만들기 같은 기본 조리법을 먼저 알아보자. 토핑으로 올라간 견과는 바삭한 맛을 더하고 다양한 발효 채소는 당신의 식탁을 밝혀줄 것이다.

시간 단축

처음부터 모든 음식을 요리하는 건 부담스럽다. 특히 기존의 방식과 아주 다르다면 말이다. 하지만 이 책에 도움이 될 만한 여러 정보나 비결을 담아 두었으니 미리 겁먹지 말자. 시간을 단축하는 3가지 방법은 다음과 같다.

사전 준비 음식을 미리 만들어 보관하는 습관은 식탁에 건강한 식품의 가짓수를 늘릴 수 있어서 좋다. 드레싱, 피클, 발효 음식, 육수 등이 활용도가 높은 음식이다. 만들기 쉽고 본 요리를 할 때 시간을 절약해주며 다른 음식에 색다른 맛도 첨가해준다.

안전하게 보관 미리 음식을 만들 때는 보관이 편해야 한다. 냄비나 통, 유리용기를 다양하게 갖춰두자. 잼 병 같은 용기는 냉장고에 자리를 많이 차지 않아서 좋고 한 주 전에 만든 소스나 육수를 유리용기에 넣어 냉장고 문쪽에 보관하면 꺼내기도 쉽다. 그리고 용기에 박테리아가 생기지 않도록 사용 전에 반드시 깨끗하게 씻은 후 신선한 식품을 담아야 한다.

재사용하기 미리 준비한 음식이 남을 때도 있다. 그러면 냉동실에 넣고 다음에 꺼내 쓰면 된다. 냉동실에 넣기 전에 반드시 라벨에 냉동한 날짜와 내용물 이름을 적어두는 것도 잊지 말자. 얼리고 나면 무슨 음식이었는지 모르는 경우가 많으니까 말이다.

육수

육수는 수프, 소스, 스튜, 리소토를 만들 때 기본이 되는 필수 요소다. 비타민과 미네랄이 풍부한 사골 육수를 갖춰 두면 장, 소화기관, 면역 건강을 모두 챙길 수 있다. 조리 시간이 길지만 끓이는 동안 다른 일을 할 수 있다는 장점이 있다.

닭 뼈 육수

750㎖~1ℓ 분량 / 준비시간 5분 / 조리시간 6시간

생닭 1마리
흑통후추 5개
적양파 ½개
월계수잎 1장
껍질 벗긴 마늘 4쪽

01 큰 냄비에 모든 재료를 넣고 물을 붓는다. 닭 위로 물이 5cm 정도 올라오게 부어야 한다. 한소끔 끓으면 뚜껑을 덮고 약불에서 6시간 동안 뭉근하게 끓인다.

02 체로 육수만 거른다. 바로 사용해도 되고 식혀서 유리병이나 도자기(세라믹) 그릇에 넣어 보관해도 된다.

03 냉장고에서 일주일 정도 보관할 수 있다. 지방층이 생기면서 표면을 막아 공기를 차단해준다. 여러 번 사용하려면 작은 용기에 나눠 담아 그릇마다 지방층이 생기게 한다. 냉동실에서 3개월 정도 보관할 수 있다.

분량당 영양 정보 열량 126kcals / 지방 1.9g / 탄수화물 10.4g / 단백질 9.6g

닭, 채소 & 다시마 육수

750㎖~1ℓ 분량 / 준비시간 10분 / 조리시간 2시간 30분

15×10cm 크기의 표면을 닦은 다시마 2개
뿌리 제거 후 껍질 채 아주 얇게 썬 양파 2개
올리브오일 2큰술
말린 표고버섯 8개
껍질 채 아주 얇게 썬 당근 1개
아주 얇게 썬 셀러리 스틱 1개
가로로 반을 썬 통마늘 1통
파슬리 6개
삶은 후 남은 닭 또는 칠면조 뼈 400g
흑통후추 1작은술

---

01 오븐을 150℃로 예열한다. 올리브오일에 물 2큰술을 넣고 섞는다. 베이킹트레이에 표고버섯과 다시마를 넣고 으깬다. 파슬리, 양파, 당근, 셀러리 스틱, 통마늘을 넣고 올리브오일 섞은 물을 뿌린 후 코팅하듯이 뒤적인다. 오븐에서 1시간 동안 굽는다. 중간에 뒤집어 준다.

02 큰 냄비에 옮겨 담고 뼈와 흑통후추를 넣은 후 물 3ℓ를 붓는다. 한소끔 끓으면 불을 줄이고 뚜껑을 연 채 1시간 동안 뭉근하게 끓인다.

03 식힌 후 큰 볼을 아래에 받치고 체로 거른다. 물기가 남지 않을 정도로 내용물을 꾹꾹 누른다. 바로 사용하거나 저장용기에 담아 보관한다.

분량당 영양 정보 열량 523kcals / 지방 30g / 탄수화물 44.7g / 단백질 16.8g

양념 사과를 넣은 미소된장 & 해초 육수

750㎖~1ℓ 분량 / 준비시간 8분 / 조리시간 2시간

반으로 자른 후 얇게 썬 사과 2개
껍질 벗기지 않고 얇게 썬 적양파 2개
가로로 반을 썬 통마늘 1통
미소된장 3큰술
올리브오일 2큰술
간 강황 1작은술 또는 아주 얇게 썬 강황 뿌리 2.5cm 조각
굽지 않은 김 3장
아주 얇게 썬 생강 2×2.5cm 조각
흑통후추 1작은술

01 오븐을 150°C로 예열한다. 미소된장에 물 2큰술과 올리브오일을 넣고 섞는다. 베이킹트레이에 사과, 적양파, 통마늘, 생강을 넣고 미소된장을 섞은 물을 부은 후 잘 섞이게 뒤적인다. 사과가 쪼그라들고 향긋한 향이 날 때까지 오븐에서 45~50분간 굽는다.

02 구운 걸 큰 냄비에 넣고 강황, 흑통후추, 김, 물 2.5ℓ를 넣는다. 한소끔 끓으면 내용물이 반으로 줄 때까지 1시간 동안 뭉근하게 끓인다.

03 식힌 후 큰 볼을 아래에 받치고 체로 거른다. 물기가 남지 않을 정도로 내용물을 꾹꾹 누른다. 바로 사용하거나 유리용기 1~2개에 나눠 담는다. 냉장고에서 일주일 정도 보관할 수 있다.

분량당 영양 정보 열량 460kcals / 지방 16g / 탄수화물 82.3g / 단백질 6.4g

닭, 채소 & 다시마 육수
양념 사과를 넣은
미소된장 & 해초 육수
닭 뼈 육수

발효 음식

장 건강에 좋은 발효 음식은 면역 기능 향상에도 효과가 있다. 냉장고에 적어도 한 가지 이상 보관하여 간식으로 먹거나 식사에 감칠맛을 더해보자. 김치는 달걀, 치즈, 훈제 생선과 잘 어울리는 식품이다.

김치

2ℓ 분량 / 준비시간 2시간 20분 / 발효시간 1주일 이후

배추 1포기
천일염 50g
무(선택) 1개
잘 익은 배 1개
양파 ½개
껍질 벗긴 생강 7.5cm
껍질 벗긴 마늘 5쪽
고춧가루 60g
잘게 다진 쪽파 7개
액젓(선택) 1작은술

01 배추는 4등분한 후 잎이 떨어지지 않을 정도로만 심을 썰어 낸다. 볼에 담고 천일염으로 잎 사이사이 꼼꼼하게 문지른다. 상온에 2시간 두거나 배추를 구부려서 부러지지 않을 정도가 되면 다음 단계로 넘어간다.

02 푸드프로세서에 무(선택), 배, 양파, 생강, 마늘, 고춧가루, 액젓(선택)을 넣고 부드러운 질감이 될 때까지 간다. 배추에 남은 소금기를 씻어내고 꽉 짠다. 양념과 파를 배춧속까지 고르게 펴 바른다.

03 살균한 2ℓ짜리 보관용기에 양념한 배추를 넣고 공기가 생기지 않을 정도로 눌러 담은 후 뚜껑을 살짝 열어둔다. 어두운 곳에서 상온에 1주일간 둔다. 진한 맛을 즐기려면 냉장고에 1주일 더 넣어둔다. 냉장고에서 3~6개월 정도 보관할 수 있다.

분량당 영양 정보 열량 603kcals / 지방 6.8g / 탄수화물 130.2g / 단백질 27.3g

비트 & 사과 사워크라우트

1ℓ 분량 / 준비시간 15분 / 발효시간 3일

덩어리로 큼직하게 썬 적양배추 1개
껍질 벗겨 반으로 썬 비트 2개
껍질 벗겨 4등분한 적양파 1개
씨를 빼고 얇게 썬 사과 1개
펜넬 2작은술
천일염 2큰술

01 푸드프로세서에 적양배추, 비트, 적양파를 넣고 잘게 다진다. 다진 내용물을 큰 볼에 담고 사과, 펜넬씨, 천일염을 넣는다. 골고루 섞이게 뒤적인 후 입구를 접시나 뚜껑으로 덮고 통조림 캔 같은 무거운 것을 몇 개 올려둔다. 24시간 정도 두거나 소금물이 배어 나와 어느 정도 차오르면 다음 단계로 넘어간다.

02 천으로 볼 입구를 덮고 적양배추가 발효되도록 이틀을 둔다. 곰팡이가 생기면 숟가락으로 떠서 버린다. 3일이 지나면 숟가락으로 내용물을 떠서 살균한 500㎖ 병 2개에 넣는다. 냉장고에서 6개월 정도 보관할 수 있다.

분량당 영양 정보 열량 470kcals / 지방 2.2g / 탄수화물 112.1g / 단백질 17.4g

인도식 양념이 가미된 발효 당근

500㎖ 분량 / 준비시간 10분 / 발효시간 1주일 이후

간 당근 1kg
천일염 1큰술
흑겨자씨 1작은술
커민씨 1작은술
블랙커민씨 1작은술
홍고추 플레이크(선택) 1꼬집

01 볼에 당근을 넣고 천일염으로 5분간 버무린다. 물이 빠지기 시작하면 흑겨자씨, 커민씨, 블랙커민씨, 홍고추 플레이크(선택)를 넣고 잘 섞는다.

02 살균한 500㎖ 병에 넣고 용액이 당근 꼭대기 위로 올라오도록 내용물을 눌러준다(물이 부족하면 정수기 물을 더 넣어 준다). 금속을 제외한 무거운 물건이나 돌을 올린다. 뚜껑을 닫고 직사광선을 피해 일주일간 발효시킨다. 시큼하고 톡 쏘는 맛이 나면 냉장고에서 3개월 정도 보관할 수 있다.

분량당 영양 정보 열량 203kcals / 지방 4.9g / 탄수화물 43.9g / 단백질 5.2g

비트 & 사과 사워크라우트
김치
인도식 양념이
가미된 발효 당근

피클

피클은 맛도 있고 아삭아삭한 식감이 일품이다. 샐러드, 샌드위치, 쌀 요리, 스튜 등 어떤 음식에 넣어도 먹는 즐거움을 선사해줄 것이다. 다음에 나오는 3가지 피클은 세균 억제 물질이 풍부해 감기 예방에도 효과적이다. 마늘을 피클로 담으면 색이 푸르스름하게 변할 수도 있는데 먹는 데는 상관없다. 그러나 색이 마음에 들지 않는다면 정수기 물과 요오드 무첨가 소금, 유리 뚜껑이 있는 용기를 사용하면 된다.

생강, 라임 & 풋고추 피클

250~300g 분량 / 준비시간 20분

껍질 벗긴 생강 140g
얇게 썬 풋고추 1개
라임 5개
천일염 2큰술

01 생강을 작고 얇은 막대기 모양으로 썰어 살균한 300*ml* 유리용기에 담는다. 천일염과 풋고추를 넣고 뚜껑을 덮은 후 잘 흔들어 섞는다. 라임을 짜서 물병에 넣고 생강 위로 부어준다. 뚜껑을 덮고 다시 흔든다.

02 냉장고에서 2개월 정도 보관할 수 있다.

분량당 영양 정보 열량 216kcals / 지방 1.9g / 탄수화물 60.5g / 단백질 5g

타임을 첨가한 마늘 피클

250~300g 분량 / 준비시간 10분 / 조리시간 10분

통마늘 2통
사과초모식초 500㎖
소금 1큰술
타임 1줌

01 편수 냄비에 물을 붓고 끓인다. 마늘을 한 조각씩 떼서 물에 넣는다. 2분간 데치고 꺼낸 후 식으면 마늘 껍질과 막을 벗긴다.

02 팬에 사과초모식초와 소금을 넣고 끓인다. 한소끔 끓으면 소금이 완전히 녹을 때까지 뭉근하게 끓인다. 마늘을 넣고 2분간 더 끓이다 불에서 내린다.

03 살균한 300㎖ 유리용기에 마늘과 타임을 먼저 넣은 후 입구에서 2cm 정도 공간만 남겨두고 끓인 사과초모식초를 붓는다. 식으면 뚜껑을 단단히 닫는다. 냉장고에서 3개월 정도 보관할 수 있다.

분량당 영양 정보 열량 224kcals / 지방 0.8g / 탄수화물 32g / 단백질 5.5g

강황 양파 피클

300g 분량 / 준비시간 10분 / 조리시간 10분

얇게 썬 양파 1개(큰 것)	천일염 1큰술	쌀와인식초(쌀 식초) 120㎖
적후추 1큰술	강황 가루 2작은술	꿀 60㎖

01 살균한 300㎖ 유리용기에 양파를 넣고 적후추를 뿌린다. 팬에 물 400㎖를 붓고 천일염, 강황 가루, 쌀와인식초, 꿀을 넣는다. 한소끔 끓으면 불을 줄이고 5분간 뭉근하게 끓인다. 내용물을 그대로 양파 위로 붓고 뚜껑을 느슨하게 닫은 후에 식힌다.

02 식으면 뚜껑을 단단히 닫는다. 냉장고에서 일주일 정도 보관할 수 있다.

분량당 영양 정보 열량 390kcals / 지방 0.9g / 탄수화물 95.7g / 단백질 4.2g

타임을 첨가한 마늘 피클

강황 양파 피클

생강, 라임 & 풋고추 피클

말린 콩 조리법

시판용 콩 통조림을 쓰지 않고 콩을 사서 하나부터 열까지 손수 조리하면 맛도 훨씬 좋고 보람도 있다. 일주일에 한 번씩 만드는 습관을 들이자. 말린 콩은 종류가 다양해 한 가지보다 여러 콩을 섞어서 조리해보는 것도 좋다. 콩 통조림에는 소금, 방부제, 향신료가 이미 첨가되어 있지만 말린 콩을 직접 삶으면 나만의 맛을 첨가할 수 있다. 통조림은 먹기 간편해서 바쁠 때 사용하기 좋다.

콩 불리는 방법

콩을 불리는 데는 2가지 방법이 있다.

1. **밤새 불리기** 찬물에 콩을 헹군 후 큰 편수 냄비에 담고 콩 200g당 물 750㎖ 정도 붓는다. 하룻밤 냉장고에 넣어둔다. 다음 날, 물에 뜬 콩을 버리고 체로 건진 후 헹구고 아래 레시피에 따라 조리한다.

2. **빠르게 불리기** 물에 씻은 콩을 냄비에 넣고 콩에서 5cm 정도 위로 올라오게 찬물을 붓는다. 한소끔 끓으면 뚜껑을 덮고 불에서 내린 후 1시간 둔다. 콩을 헹구거나 냄비에 있는 상태로 다음 레시피에 따라 조리한다. 팥, 녹두같이 작은 콩은 30~60분 정도 소요되고 좀 더 큰 콩은 2시간 정도 걸린다.

콩조림

300g 분량 / 준비시간 1시간 삶기 & 휴지 또는 밤새 / 조리시간 1시간 반~2시간

말린 콩(취향에 따라 선택) 100g	타임(선택) 1개	마늘(선택) 3쪽
월계수잎(선택) 1장	로즈메리(선택) 1개	소금과 후추

01 팬에 불린 콩을 넣고 물 375㎖ 또는 콩에서 6~8cm 정도 올라오게 물을 붓는다. 월계수잎, 타임, 로즈메리(선택)와 마늘(선택)을 넣는다. 한소끔 끓으면 불을 줄이고 1시간 반에서 2시간 정도 뭉근하게 끓인다. 건더기만 체로 건져 소금과 후추로 간을 한다.

분량당 영양 정보 열량 353kcals / 지방 1.2g / 탄수화물 64.5g / 단백질 23.8g

통곡물 조리법

통곡물은 콩과 조리방식이 다르다. 따로 불리지 않으며 백미보다 조리 시간이 좀 더 길다. 현미, 파로, 스펠트 같은 통곡물은 미리 갖춰두면 쓰기 편하다. 이런 식품은 소화에 도움을 주고 혈당을 조절하며 포만감을 오래 느끼게 한다. 퀴노아는 엄밀히 따지자면 씨앗이지만 신체에 들어오면 곡물과 같은 효과를 낸다. 건강하고 균형 잡힌 식사를 늘리고 육류 섭취를 줄이려면, 통곡물에 콩을 추가한 식사를 하면 된다. 그러면 면역 기능 향상에 필요한 아미노산(단백질)을 모두 섭취할 수 있을 것이다. 다음은 다양한 통곡물 조리시간을 나타낸 표다.

곡물(1컵 당)	물의 양(수량)	조리시간
통보리	곡물의 3배 이상	45~60분
벌거*	곡물의 2배 이상	10~15분
파로	곡물의 2.5배 이상	25~40분
프리카	곡물의 4배 이상	45~60분
스틸컷 귀리	곡물의 4배 이상	30분
퀴노아	곡물의 2배 이상	12~15분
와일드라이스(줄속)	곡물의 3배 이상	45~55분
현미	곡물의 2.5배 이상	25~40분

* 발아한 밀을 찐 다음 말려서 부순 것

드레싱

입맛 도는 맛있는 드레싱을 만들어 샐러드, 파스타, 곡물 요리에 곁들여 보자. 소화를 촉진하고 항균 물질을 함유하며 염증을 줄이는 재료는 건강과 면역에도 좋을 것이다.

구운 마늘

150g 분량 / 준비시간 10분 / 조리시간 40분

통마늘 1통
타임 1줄기
엑스트라버진 올리브오일 5큰술
레몬즙 ½개 분량
소금과 후추

01 오븐을 200°C로 예열한다. 통마늘을 낱개로 떼지 말고 문질러 껍질만 대강 제거한다. 꼭지를 썰어 내고 네모난 알루미늄포일 위에 올린다. 여기에 타임과 엑스트라버진 올리브오일 1큰술을 넣는다. 포일로 마늘을 단단히 감싼 후 오븐에서 40분간 굽는다.

02 살짝 식은 통마늘을 눌러 마늘 알만 쏙 뺀다. 그릇에 담고 엑스트라버진 올리브오일 4큰술과 레몬즙을 넣고 포크로 뒤적여 준다. 소금과 후추로 간을 하고 잼 용기에 넣는다.

03 냉장고에서 4주 정도 보관할 수 있다. 사용할 때는 상온에 잠시 두었다 병을 흔들어준 후 붓는다.

분량당 영양 정보 열량 667kcals / 지방 68.4g / 탄수화물 17.9g / 단백질 2.6g

강황 & 레몬 요거트

150㎖ 분량 / 준비시간 10분 / 조리시간 2분

엑스트라버진 올리브오일 2큰술
껍질 벗긴 마늘 1쪽
껍질 벗긴 생강 2.5cm 조각
코코넛오일 1큰술
천연 또는 코코넛 요거트 120㎖
강황 가루 1작은술
카이엔페퍼 가루 1꼬집
생꿀 ½작은술
소금과 후추

---

01 작은 팬에 엑스트라버진 올리브오일, 마늘, 생강을 넣고 중약불에 볶는다. 지글지글 끓기 시작하면 30초간 그대로 익힌다. 고속 믹서기나 미니 푸드프로세서에 옮겨 담고 코코넛오일, 요거트, 강황 가루, 카이엔페퍼 가루, 생꿀을 넣고 간다. 맛을 보고 소금과 후추로 간을 한다.

02 바로 식탁에 내거나 유리용기에 담아 뚜껑을 덮고 냉장고에 넣는다. 일주일 정도 보관할 수 있다.

분량당 영양 정보 열량 479kcals / 지방 42.3g / 탄수화물 19.1g / 단백질 7g

미소된장 석류

150㎖ 분량 / 준비시간 5분

석류시럽 2큰술	간 마늘 1큰술	시로미소된장 1 ½큰술
디종 머스터드(머스터드) 1작은술	엑스트라버진 올리브오일 5큰술	진간장 1작은술

01 볼에 석류시럽, 시로미소된장, 디종 머스터드, 마늘, 엑스트라버진 올리브오일을 담아 골고루 섞는다. 짠맛을 더하기 위해 간장을 소량 넣는다.

02 유리용기에 담아 냉장고에 넣으면 4주 정도 보관할 수 있다.

분량당 영양 정보 열량 782kcals / 지방 70.1g / 탄수화물 38.9g / 단백질 4.6g

미소된장 석류
구운 마늘
강황 & 레몬 요거트

사과초모식초 만들기

비타민 C, 섬유질, 산 성분이 농축된 사과초모식초는 감기에 걸리면 면역력을 받쳐주는 효과가 있다고 한다. 항산화 물질과 비타민 C가 가득 들어 있고 발효 식품이라 프로바이오틱스도 함유되어 있다. 샐러드나 스튜에 뿌려 상큼한 맛을 더해보자.

사과초모식초

1ℓ 분량 / 준비시간 10분 + 하루 몇 분(2주간)
발효시간 2개월

유기농 사과 또는 부사 3개
유기농 아오리 사과(녹색 사과) 1개
유기농 사탕수수로 만든 설탕 3½큰술

분량당 영양 정보 열량 550kcals
지방 1.2g / 탄수화물 144g / 단백질 1.9g

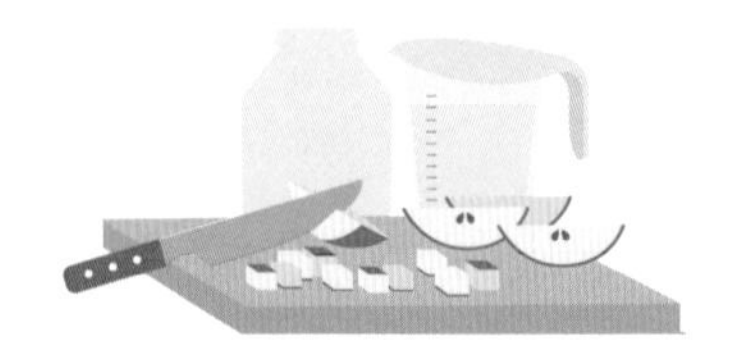

01 사과를 껍질, 속, 씨, 줄기까지 모두 작은 크기로 썬다. 살균한 1ℓ 유리용기에 넣는다. 미지근한 정수기 물을 병목까지 붓는다.

02 설탕을 넣고 완전히 녹을 때까지 잘 젓는다(미지근한 물을 넣으면 더 잘 녹는다).

03 재료를 모두 섞은 후 통기성 재질(커피 여과지나 면포 등)로 입구를 덮고 어두운 곳에 둔다. 온도는 21~24℃ 정도가 적당하다.

04 첫 2주 동안 몇 분간 매일 저어준다. 사과가 갈변하고 액체는 탁해지며 작은 공기 방울이 생길 것이다. 2주가 지나면 거품이 사라진다.

05 큰 볼을 아래에 받치고 체로 거른다. 적당한 크기의 깨끗한 유리 용기에 용액을 담고 다시 입구를 덮는다.

06 2개월 후 pH 측정 시약을 이용해 식초의 산도를 검사한다. 2~3 정도가 적당하다. 식초가 완성되면 뚜껑이 달린 유리용기에 체로 걸러 담는다. 냉장고에서 3~6개월 정도 보관할 수 있다.

감기 치료제

1인분 분량 / 준비시간 2분 / 발효시간 0분

사과초모식초 1큰술
꿀 2큰술

따뜻한 물 75㎖이 담긴 컵에 식초와 꿀을 넣어 천천히 조금씩 마신다.

분량당 영양 정보 열량 550kcals
지방 1.2g / 탄수화물 144g / 단백질 1.9g

토핑 1

수프, 스튜, 샐러드, 파스타 등 여러 음식에 토핑을 뿌려 바삭함에 단백질까지 더하면 영양과 식감을 모두 챙길 수 있다. 유리용기에 담아 찬장에 보관하고 식사 때 다른 음식에 올려 먹거나 간식으로 먹자.

타임을 넣은 구운 아몬드

300g 분량 / 준비시간 5분 / 조리시간 20분

생아몬드 300g	오레가노잎 ½작은술	천일염 ½작은술
타임잎 ½작은술	올리브오일 1큰술	맛 첨가용 꿀(선택)

01 오븐을 180℃로 예열한다. 볼에 생아몬드, 타임잎, 오레가노잎, 올리브오일을 넣는다. 숟가락으로 아몬드가 다른 재료에 코팅되듯 섞일 때까지 젓고 종이포일을 깐 베이킹트레이에 붓는다. 천일염을 뿌리고 오븐에 넣어 20분간 굽거나 아몬드가 노르스름해질 때까지 익힌다. 단맛을 추가하고 싶으면 조리 중간에 꿀(선택)을 첨가한다.

02 오븐에서 꺼내 완전히 식힌다. 밀폐용기에 담으면 1~2주 정도 보관할 수 있다.

분량당 영양 정보 열량 1858kcals / 지방 164g / 탄수화물 65.4g / 단백질 63.1g

치아시드를 첨가한 구운 시나몬 양념 퀴노아

250g 분량 / 준비시간 2분 / 조리시간 15분

세척한 퀴노아 200g	코코넛오일 1큰술	시나몬 가루 1큰술
치아시드 50g	꿀 1큰술	소금 ½작은술

01 오븐을 190℃로 예열한다. 볼에 모든 재료를 넣고 골고루 섞는다. 종이포일을 깐 베이킹시트에 고르게 펴서 오븐에 넣고 10~15분간 굽는다. 그리고 중간에 한 번 저어준다.

02 식힌 후 밀폐용기에 담는다. 냉장고에서 2주 정도 보관할 수 있다.

분량당 영양 정보 열량 1183kcals / 지방 40.1g / 탄수화물 172.3g / 단백질 36.7g

양념을 넣어 구운 혼합견과

350g 분량 / 준비시간 5분 / 조리시간 15분

견과류(생캐슈너트, 호두, 아몬드, 피칸) 350g
녹인 무염버터 2큰술
잘게 다진 로즈메리 2큰술
황설탕 1큰술
커민 가루 1작은술
천일염 2작은술
흑후춧가루 ¼작은술

---

01 오븐을 190℃로 예열한다. 큰 볼에 생캐슈너트, 호두, 아몬드, 피칸, 무염버터, 로즈메리, 황설탕, 커민 가루, 천일염, 흑후춧가루를 넣고 저어준다. 종이포일을 깐 베이킹 트레이에 내용물을 옮겨 담고 견과류가 살짝 노르스름해질 때까지 오븐에서 10~15분간 굽는다.

02 식힌 후 밀폐용기에 담는다. 1~2주 정도 보관할 수 있다.

분량당 영양 정보 열량 2228kcals / 지방 177.5g / 탄수화물 126.5g / 단백질 65g

치아시드를 첨가한 구운
시나몬 양념 퀴노아

타임을 넣은 구운 아몬드

양념을 넣어 구운 혼합견과

토핑 2

황금 호두 & 해바라기씨 분태

220g 분량 / 준비시간 5분 / 조리시간 10분

으깬 호두 150g	올리브오일 1큰술	강황 가루 ½작은술
해바라기씨 60g	천일염 ½작은술	꿀 ½큰술

01 볼에 모든 재료를 넣고 골고루 섞은 다음 달군 프라이팬이나 무쇠팬(그리들팬)에 넣어 자주 저어주며 8~10분간 볶는다.

02 밀폐용기에 담으면 2주 정도 보관할 수 있다.

분량당 영양 정보 열량 1465kcals / 지방 142.1g / 탄수화물 39.9g / 단백질 35.1g

아마씨 & 캐슈너트 분태

220g 분량 / 준비시간 5분 / 조리시간 10분

아마씨 60g
대강 다진 캐슈너트 150g
올리브오일 1큰술
꿀 ½큰술
천일염 ½작은술

01 볼에 모든 재료를 담고 섞는다. 달군 프라이팬이나 무쇠팬에 재료를 붓는다. 자주 저어주며 8~10분간 볶는다.

02 밀폐용기에 담으면 2주 정도 보관할 수 있다.

분량당 영양 정보 열량 1311kcals / 지방 104g / 탄수화물 71.7g / 단백질 39g

아몬드 & 헤이즐넛 두카*

220g 분량 / 준비시간 10분 / 조리시간 15분

살짝 데쳐서 껍질 벗긴 아몬드 60g
껍질 벗긴 헤이즐넛 60g
참깨 60g
고수씨 2큰술
커민씨 2큰술
말린 홍고추 플레이크 ¼작은술
소금 1 ½작은술
흑후춧가루 1작은술

01 오븐을 180℃로 예열한다. 베이킹트레이에 아몬드와 헤이즐넛을 올리고 오븐에서 10분간 구운 후 푸드프로세서에 내용물을 넣고 대강 다진다.

02 프라이팬에 참깨를 넣고 중불에서 3분간 또는 참깨가 노르스름해질 때까지 볶는다. 다진 아몬드와 헤이즐넛을 넣는다.

03 프라이팬에 고수씨, 커민씨, 홍고추 플레이크를 넣고 2분간 볶는다. 절구통에 넣고 빻는다. 아몬드와 헤이즐넛에 빻은 내용물을 넣고 소금과 흑후춧가루를 뿌린다. 밀폐용기에 넣으면 4주 정도 보관할 수 있다.

분량당 영양 정보 열량 1166kcals / 지방 101.9g / 탄수화물 51.3g / 단백질 34.7g

* 디핑소스나 토핑으로 사용하는 이집트 향신료로 보통 헤이즐넛이나 병아리콩을 기본으로 하며, 갈아낸 견과와 씨앗에 각종 향신료와 허브 등을 첨가하여 만든다.

아몬드 & 헤이즐넛 두카
황금 호두 & 해바라기씨 분태
아마씨 & 캐슈너트 분태

그래놀라

나만의 그래놀라를 만드는 일은 언제나 즐겁다. 만들기는 또 얼마나 쉬운지! 다음은 강력한 항염증과 항산화 물질이 포함된 생강 가루와 강황 가루가 들어 있어 면역 기능을 돕는 그래놀라 만들기다.

홈메이드 그래놀라

1kg 분량 / 준비시간 10분 / 조리시간 45분

롤드 오트 270g
말린 블루베리와 다진 말린 사과 200g
엑스트라버진 올리브오일 125㎖
견과류 플레이크(캐슈너트, 아몬드, 해바라기씨, 호박씨 등) 200g
플레이크 소금 1작은술
메이플시럽 120㎖
생강 가루 3작은술
시나몬 가루 1작은술
강황 가루 1작은술
카다몸 가루 ½작은술

01 오븐을 160℃로 예열한다. 큰 볼에 롤드 오트, 블루베리, 사과, 견과, 씨앗, 플레이크 소금, 엑스트라버진 올리브오일, 메이플시럽을 담고 저어준다. 종이포일을 깐 베이킹트레이 2개에 나눠 붓고 고르게 편 후 오븐에 넣고 45분간 굽는다. 10~15분마다 내용물을 젓고 트레이 방향을 돌려준다. 내용물이 익고 노르스름해지면 생강 가루, 시나몬 가루, 강황 가루, 카다몸 가루를 넣고 저어준다.

02 완전히 식힌 후 1*l* 유리용기나 2×500*ml* 용기에 담아 서늘한 곳에서 보관한다. 한 달 정도 보관할 수 있다.

분량당 영양 정보 열량 1166kcals / 지방 101.9g / 탄수화물 51.3g / 단백질 34.7g

빵

다음에 소개하는 빵은 다른 빵에 비해 상대적으로 간편하게 만들 수 있다. 냉동해두었다 간식으로 먹을 때 구우면 된다. 건강한 음식이면서 맛도 있고 장에도 부담을 주지 않으며 28일 식단에 다양하게 첨가할 수 있다. 토르티야는 만들기 쉽고, 쓰고 남은 도우는 냉동실에 보관하면 된다. 많이 만들어놓고 자주 먹자.

슈퍼 씨앗빵

1개(덩어리) 분량 / 준비시간 10분 + 2~8시간 휴지 / 조리시간 1시간

해바라기씨 135g
아마씨 60g
호박씨 30g
아몬드 65g
롤드 오트 145g
치아시드 2큰술
차전자피 4큰술
(혹은 차전자피 가루 3큰술)
천일염 1½작은술
메이플시럽 1큰술
녹인 코코넛오일 3큰술

01 큰 볼에 해바라기씨, 아마씨, 호박씨, 아몬드, 롤드 오트, 치아시드, 차전자피, 천일염을 담는다. 물병에 메이플시럽, 코코넛오일, 물 350㎖를 담고 휘저은 후 볼에 담아둔 말린 재료 위에 붓고 잘 저어준다. 도우가 너무 퍽퍽해서 젓기가 힘들다면 물 1~2작은술을 첨가한다. 종이포일을 깐 900g 빵틀에 내용물을 붓고 주걱이나 숟가락 뒷부분으로 도우 위를 고르게 정리한다. 2~8시간 정도 둔다.

02 오븐을 175℃로 예열한다. 도우를 오븐에 넣고 20분간 굽는다. 빵을 빵틀에서 꺼내 오븐에 다시 넣는다. 30~40분간 더 굽는다. 빵을 뒤집어 손끝으로 톡톡 두드려 안이 빈 것처럼 통통 소리가 나면 완성이다.

03 완전히 식힌 후 얇게 썬다. 밀폐용기에 담아 보관하면 5일, 냉동실에 넣으면 3개월 정도 보관할 수 있다.

분량당 영양 정보 열량 1166kcals / 지방 101.9g / 탄수화물 51.3g / 단백질 34.7g

고대 곡물 무반죽 빵

1개 분량 / 준비시간 20분 / 조리시간 40분 + 8시간 휴지

일반 스펠트 밀가루(또는 흰스펠트 밀가루) 300g + 덧가루용 조금
스펠트 통밀가루 100g
천일염 1 ¼작은술
인스턴트 이스트 ¼작은술
꿀 1큰술

01 볼에 스펠트 밀가루, 통밀가루, 천일염, 이스트를 넣고 섞는다. 물병에 꿀과 미지근한 물 300㎖를 담아 밀가루에 붓는다. 도우에 찰기가 생길 때까지 치댄다. 입구를 덮고 8시간 휴지시킨다.

02 깊이가 깊지 않은 넓적한 오븐용기를 오븐에 넣고 250℃로 예열한다. 덧가루를 뿌린 작업대에 도우를 올리고 치대며 직사각형 모양으로 만든다. 도우 한쪽을 중간까지 접고 다른 한쪽을 그 위로 다시 접는다. 도우 방향을 90도로 돌려 한 번 더 반으로 접는다. 밀가루를 뿌리고 겉을 감싸 5분간 휴지시킨다. 도우를 접고 5분간 휴지하는 과정을 2번 더 반복한다. 종이포일을 깐 볼에 도우를 넣고 입구를 덮은 후 20분간 휴지시킨다.

03 휴지시킨 도우를 접시에 넣은 후 밀가루를 뿌리고 칼 등으로 도우 위를 살짝 칼집을 3개 낸다. 입구를 덮고 오븐에 넣어 30분간 굽는다. 뚜껑을 열고 10분간 더 굽는다. 식힘망에 둔다.

분량당 영양 정보 1416kcals / 지방 9.7g / 탄수화물 298g / 단백질 15.1g

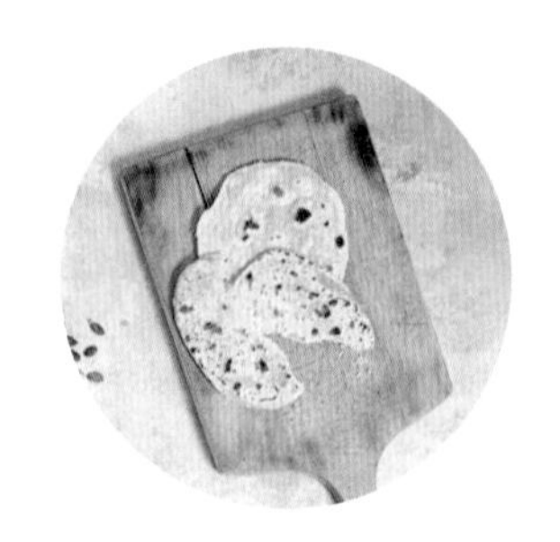

토르티야

4인분 분량 / 준비시간 10분 + 30분 휴지 / 조리시간 10분

올리브오일 1작은술 + 기름칠용 조금

스펠트 밀가루 40g

소금 1꼬집

---

01 올리브오일을 섞은 밀가루에 소금과 물 2큰술을 넣고 동그란 도우 형태가 될 때까지 젓는다. 덧가루를 뿌린 작업대에 도우를 올리고 3~4분간 치댄다. 기름을 바른 볼에 넣고 입구를 덮은 후 30분간 휴지시킨다.

02 도우를 꺼내 공 모양을 2개 만든 후 밀대로 납작하게 펴가며 2×8cm 크기의 작은 디스크 모양으로 만든다. 기름을 두르지 않은 팬을 달궈 도우를 넣고 2~3분간 앞뒤로 굽는다. 식탁에 낸다.

분량당 영양 정보 1175kcals / 지방 5.5g / 탄수화물 28g / 단백질 5.8g

토르티야
슈퍼 씨앗빵
고대 곡물 무반죽 빵

요거트 만들기

요거트는 생각보다 만들기 쉽다. 수제 요거트만의 진한 맛과 걸쭉함은 일반 요거트와는 남다른 감동을 선사할 것이다. 입구가 넓은 보온병 또는 뚜껑이 있는 냄비와 따뜻한 공간만 있으면 준비 완료다.

홈메이드 요거트

1ℓ 분량 / 준비시간 15분 / 조리시간 15분 + 8시간 휴지

생요거트(생균이 들어 있는 시판 요거트) 2큰술

우유 1ℓ

01 보온병에 생요거트를 담는다.

02 큰 팬을 중약불에 올려 우유를 넣고 거품이 생길 때까지 끓인다. 우유가 바닥에 눌어붙지 않게 계속 저어준다.

03 요거트 위에 끓인 우유를 반 정도 붓고 젓는다. 나머지도 마저 붓고 천천히 저어준다. 뚜껑을 덮고 적어도 8시간은 그대로 둔다. 500*ml* 살균 용기 2개에 나눠 담는다. 냉장고에서 3주 정도 보관할 수 있다.

분량당 영양 정보 열량 632kcals / 지방 34.1g / 탄수화물 49.1g / 단백질 33.3g

케피르우유

케피르는 요거트처럼 톡 쏘는 맛이 있고 스무디처럼 걸쭉하며 프로바이오틱스가 가득한 식품이다. 프로바이오틱스는 장 건강을 돌보고 면역 기능 향상에 좋다. 케피르는 흐르는 제형의 요거트라 시리얼에 올리거나 스무디에 넣어도 되고 요거트용, 디핑소스용, 드레싱용으로 사용해도 된다. 한 번도 먹어본 적 없다면 몸이 조금씩 케피르에 적응해야 하니, 하루에 조금씩 먹으면서 익숙해져보자. 어느 정도 익숙해지면 하루에 한 컵(250㎖) 가득 마셔보자. 케피르에 있는 생배양균을 몸에서 소화하려면 어느 정도 적응 기간이 필요하니 시간을 두고 몸의 반응을 잘 살펴야 한다.

케피르 생성과정

케피르를 만들려면 케피르그레인 1작은술이 필요하다. 병에 우유와 케피르그레인을 넣은 후 입구를 덮고 고무줄로 고정한 후 상온(케피르그레인은 16~32℃ 정도의 온도를 좋아한다)에 24시간 둔다. 그동안 유익한 박테리아와 이스트는 우유를 상하지 않게 발효하며 케피르로 변한다.
24시간이 지나면 우유는 이전보다 걸쭉해지고 요거트처럼 톡 쏘는 맛이 날 것이다. 그레인은 따로 걸러 다른 병에 넣으면 재사용할 수 있다. 이제 케피르는 마실 수 있는 상태가 된다. 냉장고에 2~3주 정도 보관할 수 있다. 사용하지 않는 그레인은 우유 한 컵에 담아 냉장고에 보관한다. 상태만 잘 유지하면 계속 사용할 수 있다. 가장 좋은 보존 방법은 케피르를 계속 만드는 것인데, 주방 온도에 따라 차이는 있지만 대략 24시간마다 새로운 케피르를 한 통씩 만들 수 있다.

동물성 우유만 가능할까?

소, 염소, 양 등 동물의 젖으로 만든 우유는 케피르를 만드는 데 가장 적합한 재료이다. 지방 함량 2% 저지방 우유로도 충분히 만들 수 있지만, 그레인 양이 줄어들거나 발효시간이 길어지면 그레인을 다시 꺼내 동물성 우유가 담긴 용기에 넣어둔다. 또한 케피르는 생우유나 멸균우유로 만들 수 있지만, 초고속살균(UHT) 우유로는 만들 수 없다.
식물성 우유로 케피르를 만들려면 코코넛밀크를 이용할 수 있지만, 동물성 우유와 다르게 여러 번 만들 수 없다. 코코넛에는 동물성 우유만큼 단백질과 영양소가 충분히 들어 있지 않기 때문이다.

홈메이드 케피르우유

250㎖ 분량 / 준비시간 5분 / 발효시간 24시간

케피르그레인 1작은술

유기농 우유 250㎖

01 우유가 든 물병에 케피르그레인을 넣고 입구를 덮은 후 24시간 상온에 둔다. 그레인을 걸러내고 요거트를 한 번 저은 후 먹는다.

분량당 영양 정보 열량 153kcals / 지방 8.1g / 탄수화물 12g / 단백질 7.9g

28일간의 삼시세끼 레시피

28일, 4주간의 레시피에는 다채로운 색상의 재료와 흥미롭고 풍미가 가득한 아침, 점심, 저녁 식사를 만드는 비결이 가득하다. 매끼 식사 메뉴가 잘 정리되어 있고 한 주간 장보기 목록과 사전 준비 요리도 자세히 나와 있다. 미리 만들어 놓을 수 있는 음식이 많아 절약한 시간만큼 느긋하게 식사를 즐길 수 있을 것이다.

WEEK 1_ 장보기 목록

과일 & 채소

- [ ] 감귤 1개
- [ ] 레몬 3개
- [ ] 라임 2개
- [ ] 믹스베리 100g
- [ ] 블루베리 70g
- [ ] 딸기 1개
- [ ] 석류씨 50g
- [ ] 망고 ¼개
- [ ] 배 1개
- [ ] 바나나 2개
- [ ] 파인애플 80g
- [ ] 신선한 코코넛 70g
- [ ] 아보카도 1개
- [ ] 양파 2개
- [ ] 적양파 ½개
- [ ] 샬롯 2개
- [ ] 서양대파(leek) ½개
- [ ] 대파 2.5개
- [ ] 통마늘 2통
- [ ] 감자 200g
- [ ] 고구마 2개(큰 것), 1개(중간 것)
- [ ] 파스닙 1개
- [ ] 캔디비트(키오자비트) 2개
- [ ] 당근 2개 + 90g
- [ ] 땅콩호박 420g
- [ ] 적양배추 80g
- [ ] 콜리플라워 100g
- [ ] 브로콜리 75g
- [ ] 브로콜리니 80g
- [ ] 케일 220g
- [ ] 근대 80g
- [ ] 물냉이 50g
- [ ] 시금치(어린잎) 120g
- [ ] 토마토 3개(큰 것), 방울토마토(8개)
- [ ] 붉은색 파프리카 ½개
- [ ] 피망 40g
- [ ] 펜넬 ½개
- [ ] 애호박 1개(큰 것)
- [ ] 래디시 4개 + 50g
- [ ] 표고버섯 75g
- [ ] 홍고추 2개
- [ ] 고수 30g
- [ ] 차이브 10g
- [ ] 신선한 생강 28cm
- [ ] 레몬그라스 1개
- [ ] 신선한 강황(선택) 2작은술(간 것)
- [ ] 딜 5g
- [ ] 오레가노 5g
- [ ] 파슬리 40g

신선 식품/달걀

- [ ] 천연 그릭요거트 2큰술
- [ ] 코코넛요거트 150㎖
- [ ] 코코넛밀크 400㎖
- [ ] 채소 육수 500㎖
- [ ] 파르메산 치즈 40g
- [ ] 단단한 두부 200g
- [ ] 연어살(필렛) 1개
- [ ] 칠면조 200g(간 것)
- [ ] 닭 넓적다리살 1개(큰 것)
- [ ] 달걀 3개

그 외

- [ ] 메밀국수(소바) 180g
- [ ] 통보리 익힌 거 80g
- [ ] 병아리콩 삶은 것 80g
- [ ] 검은콩 삶은 것 80g
- [ ] 혼합콩 통조림 400g
- [ ] 붉은색 렌틸콩 70g
- [ ] 호두 20g
- [ ] 브라질너트
- [ ] 생아몬드 30g
- [ ] 데친 헤이즐넛 10g
- [ ] 코코넛밀크 통조림 300㎖
- [ ] 토마토 통조림 100g
- [ ] 토마토 파사타 200g
- [ ] 토마토퓌레
- [ ] 카이엔페퍼 가루
- [ ] 커민 가루
- [ ] 시나몬 가루
- [ ] 생강 가루
- [ ] 가람마살라
- [ ] 강황 가루
- [ ] 훈제 파프리카 가루
- [ ] 칠리 파우더
- [ ] 월계수잎
- [ ] 마늘 가루
- [ ] 잉글리시 머스터드 파우더
- [ ] 펜넬씨
- [ ] 커민씨
- [ ] 카다몸 꼬투리(포드)
- [ ] 올리브오일
- [ ] 엑스트라버진 올리브오일
- [ ] 참기름
- [ ] 땅콩오일
- [ ] 코코넛오일
- [ ] 기버터(선택)
- [ ] 쌀와인식초
- [ ] 사과초모식초
- [ ] 화이트와인식초
- [ ] 발사믹식초
- [ ] 코코넛 플레이크
- [ ] 그린 올리브
- [ ] 치아시드
- [ ] 아마씨 가루
- [ ] 흑참깨
- [ ] 참깨
- [ ] 호박씨
- [ ] 간장
- [ ] 타히니소스
- [ ] 시로미소된장
- [ ] 다시 350㎖
- [ ] 피시소스
- [ ] 옥수숫가루
- [ ] 설탕
- [ ] 바닐라 추출물
- [ ] 메드줄 대추야자
- [ ] 건포도
- [ ] 유기농 꿀
- [ ] 호밀빵
- [ ] 쌀 플레이크
- [ ] 김

WEEK 1_ 준비

첫 번째 주를 시작하기 전에 미리 만들 수 있는 음식을 만들어보고, 장보기 목록에서 빠진 게 없는지 확인해보자.

기본
(보관기간이 길어서 미리 만들어 놓을 수 있는 음식)

- [ ] 고대 곡물 무반죽 빵(111쪽)
- [ ] 아마씨 & 캐슈너트 분태(105쪽)
- [ ] 새싹(선택, 48쪽)
- [ ] 아몬드 & 헤이즐넛 두카(106쪽)
- [ ] 황금 호두 & 해바라기씨 분태(104쪽)
- [ ] 씨앗 크래커(259쪽)
- [ ] 홈메이드 그래놀라(108쪽)
- [ ] 홈메이드 요거트(114쪽)
- [ ] 케피르우유(116쪽)

만들기

- [ ] 오버나이트 블루베리 치아 푸딩 (DAY 03, 132쪽)
- [ ] 칠면조, 레몬 & 올리브볼 (DAY 04, 138쪽)

오븐에 굽기

- [ ] '병아리콩과 땅콩호박 칠리'에 넣을 땅콩호박 100g (DAY 01, 126쪽)

WEEK 1 일정표

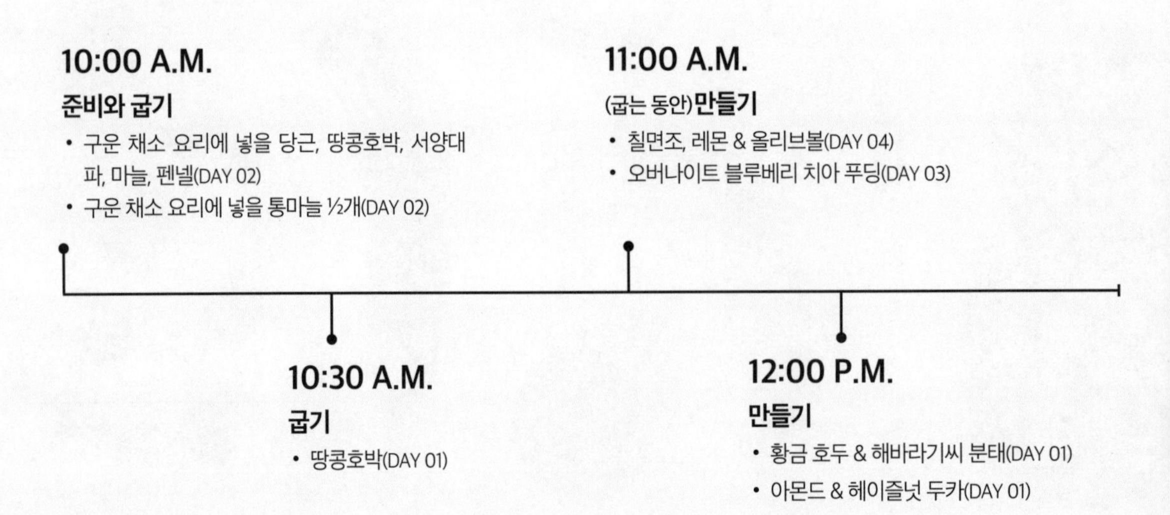

씨앗 크래커 만들기 (259쪽 참고)

1. 볼에 참깨, 아마씨, 치아시드, 해바라기씨, 호박씨, 소금, 오레가노, 코코넛오일, 물 150㎖를 담아 20분간 불린다.

2. 오븐을 180℃로 예열한다. 종이포일을 깐 베이킹시트에 섞은 재료를 넣고 손으로 고르게 편다.

3. 오븐에 넣어 20분간 굽고 꺼내서 나중에 조각내기 쉽도록 반죽을 직사각형 모양으로 분할한다. 주걱 등으로 눌러주듯이 선을 그으면 된다. 그리고 다시 넣어서 20분 간 굽는다.

4. 식힌 후 조각을 낸다.

DAY

01

WEEK 1

월요일

수프(점심)와 칠리 요리(저녁)는 두 끼 식사로도 충분한 양이다. 냉동도 가능하고, 나중에 다시 꺼내 먹어도 맛이 변하지 않는다.

아침

면역 증강 베리 부스터

1인분 분량 / 준비시간 5분

생 또는 냉동 믹스베리 100g
냉동 바나나 1개(작은 것)
씨를 뺀 메드줄 대추야자(대추야자) 1개
아마씨 가루 1큰술
천연 그릭요거트 2큰술
아몬드우유 50ml
얇게 썬 딸기 1개(토핑용)
황금 호두 & 해바라기씨 분태(104쪽) 1큰술

01 믹스베리를 바나나, 메드줄 대추야자, 아마씨 가루, 요거트, 아몬드우유와 함께 믹서기에 넣고 크림같이 부드러운 질감이 될 때까지 간다. 필요하다면 아몬드우유를 추가로 소량 첨가해도 좋다.

02 내용물을 숟가락으로 떠서 그릇에 담은 후 딸기와 황금 호두·해바라기씨 분태를 올려 마무리한다.

1인분당 영양 정보 열량 234 kcals / 지방 13.7g / 탄수화물 47.9g / 단백질 9g

점심

케일 수프

2인분 분량 / 준비시간 5분 / 조리시간 25분

코코넛오일 1큰술
잘게 다진 양파 1개
으깬 마늘 2쪽
껍질을 벗겨 1cm 크기로 깍둑썰기한 감자 200g
채소 육수 500ml
잘게 채 썬 케일 100g
코코넛밀크 100ml
레몬제스트 ½개 분량
구운 코코넛 플레이크 2큰술
아몬드 & 헤이즐넛 두카 (106쪽) 1큰술
소금과 후추

01 팬에 코코넛오일을 두른다. 양파를 넣고 투명해질 때까지 5~6분간 볶는다. 마늘과 감자를 넣고 1분간 볶는다. 채소 육수를 부은 후 한소끔 끓으면 뚜껑을 덮어 감자가 익을 정도로만 10~15분간 뭉근하게 끓인다.

02 케일, 코코넛밀크, 레몬제스트를 넣고 케일이 부드러워질 때까지 익힌다.

03 소금과 후추로 간을 한 후 준비한 그릇에 나누어 담고 코코넛 플레이크와 아몬드·헤이즐넛 두카를 뿌려 마무리한다.

1인분당 영양 정보 열량 372 kcals / 지방 22.7g / 탄수화물 25.4g / 단백질 7.3g

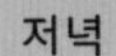

병아리콩과 땅콩호박 칠리

2인분 분량 / 준비시간 10분 / 조리시간 45분

2cm 크기로 썬 땅콩호박 100g
올리브오일 1큰술
얇게 썬 양파 ½개
잘게 다진 마늘 1쪽(작은 것)
월계수잎 1장

칠리파우더 ½작은술
훈제 파프리카 가루 ½작은술
아주 얇게 썬 피망 ⅓개
토마토퓌레 ½큰술
토마토 통조림 100g

익혀서 물에 헹군 검정콩 100g
익혀서 물에 헹군 병아리콩 100g
고수 작은 1움큼
소금과 후추

---

01 오븐을 220℃로 예열한다. 땅콩호박에 올리브오일 ½큰술을 넣어 뒤적인 후 오븐에서 20분간 굽는다.

02 팬에 올리브오일 ½큰술을 두르고 양파가 부드러워질 때까지 볶는다. 마늘, 월계수잎, 칠리 파우더, 훈제 파프리카 가루를 넣고 1분간 익힌다. 피망과 토마토퓌레를 넣고 1분간 저어가며 익힌다.

03 통조림에 있는 토마토를 넣고 20분간 익힌다. 땅콩호박, 검정콩, 병아리콩을 넣고 5~10분간 조리한다. 소금과 후추로 간을 하고 고수로 마무리한다.

1인분당 영양 정보 열량 242 kcals / 지방 9.25g / 탄수화물 37.45g / 단백질 9.25g

케일 수프
병아리콩과 땅콩호박 칠리
면역 증강 베리 부스터

DAY 02

WEEK 1

화요일

저녁 식사용 통보리와 채소는 전날 익혀놓자. 점심은 고대 곡물 무반죽 빵(111쪽 참고)을 곁들인 수란으로 한 끼가 완성된다.

아침

석류씨를 올린 파인애플 & 감귤 요거트

1인분 분량 / 준비시간 5분 / 조리시간 /0분

껍질 벗긴 감귤 1개	요거트(114쪽) 125ml	석류씨 50g
파인애플 과육 80g	냉동 바나나 1개	그래놀라(108쪽) 45g

01 감귤을 가로로 아주 얇게 썬 후 2조각은 토핑용으로 둔다. 파인애플 과육 2덩어리도 함께 남겨둔다. 나머지 감귤과 파인애플을 요거트, 바나나와 함께 믹서기에 넣고 크림처럼 부드러운 질감이 될 때까지 간다.

02 그릇에 담고 토핑용 감귤, 파인애플, 석류씨, 그래놀라를 올려 마무리한다.

1인분당 영양 정보 열량 380kcals / 지방 10.1g / 탄수화물 71.5g / 단백질 8.3g

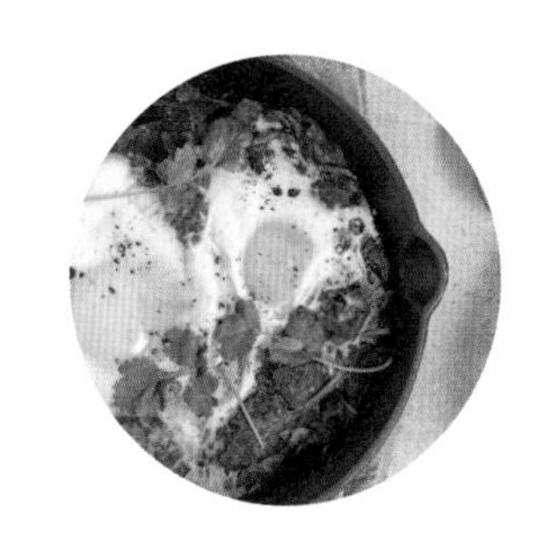

수란을 올린 토마토소스

1인분 분량 / 준비시간 5분 / 조리시간 20분

올리브오일 1작은술
잘게 다진 적양파 ½개
씨를 빼고 잘게 다진 홍고추 ½개
얇게 썬 마늘 1쪽(작은 것)
줄기는 잘게 다지고 잎은 크게 다진 고수 작은 1움큼
훈제 파프리카 가루 1작은술
다진 잘 익은 토마토 2개(큰 것)
꿀 ½작은술
시금치 50g
달걀 2개
소금과 후추

01 프라이팬에 올리브오일을 두른다. 팬이 달궈지면 적양파, 홍고추, 마늘, 고수 줄기를 넣고 양파가 부드러워질 때까지 볶는다. 훈제 파프리카 가루를 넣고 잘 섞은 후 토마토, 꿀, 소금 1꼬집을 넣고 함께 익힌다. 3~5분간 보글보글 끓인다.

02 시금치를 넣는다. 소금과 후추로 간을 하고 나무 숟가락으로 소스 위에 오목한 구멍 2개를 낸다. 각 구멍에 달걀을 한 개씩 깨서 넣는다.

03 뚜껑을 덮고 6~8분간 약불에서 익힌다. 고수잎을 뿌려 마무리한다.

1인분당 영양 정보 열량 395kcals / 지방 19.5g / 탄수화물 47.3g / 단백질 20.9g

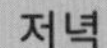

케일 페스토를 넣어 구운 채소

1인분 분량 / 준비시간 10분 / 조리시간 45분

1cm 크기로 썬 당근 1개
씨를 빼고 2cm 크기로 썬 땅콩호박 ¼개
2cm 크기로 썬 서양대파 ½개
빗모양(웨지)으로 4조각 썬 펜넬 ½개
올리브오일 1큰술
익힌 통보리(보리) 1큰술
케일 40g
간 파르메산 치즈 20g
구운 후 포크로 부드럽게 으깬 통마늘 ½통
호두 20g
엑스트라버진 올리브오일 50ml
레몬주스 1큰술
소금과 후추

---

01 오븐을 200℃로 예열한다. 당근, 땅콩호박, 서양대파, 펜넬에 올리브오일과 소금을 넣고 뒤적인다. 오븐에 넣고 45분간 굽거나 내용물이 부드러워질 때까지 굽는다. 중간에 한 번 뒤적여 준다.

02 믹서기에 케일, 파르메산 치즈, 호두, 통마늘, 엑스트라버진 올리브오일, 레몬주스를 넣고 갈아서 페스토를 만든다. 소금과 후추로 간을 한다. 통보리와 구운 채소를 섞는다. 페스토와 함께 내고, 최종 간을 한다.

1인분당 영양 정보 열량 1117kcals / 지방 105.6g / 탄수화물 88.1g / 단백질 20.1g

수란을 올린 토마토소스

케일 페스토를 넣어 구운 채소

석류씨를 올린
파인애플 & 감귤 요거트

WEEK 1

수요일

치아 푸딩은 반드시 전날 밤에 미리 만들어 냉장고에 넣어 두자. 냉장고에 다른 종류의 베리가 있다면 그걸 사용해도 좋다.

아침

오버나이트 블루베리 치아시드 푸딩

1인분 분량 / 준비시간 5분(+ 밤새 불림)

블루베리 70g	시나몬 가루 1꼬집	치아시드 3큰술
바닐라 추출물 ½작은술	코코넛요거트 150ml	다진 브라질너트 3개

01 믹서기에 블루베리(토핑용 15개는 남겨 둔다), 바닐라 추출물, 시나몬 가루, 코코넛요거트, 치아시드를 넣고 간다. 냉장고에 넣어 하룻밤 불린다.

02 먹기 전에 내용물을 잘 섞은 후 브라질너트와 남겨두었던 블루베리를 올려 마무리한다.

1인분당 영양 정보 열량 469kcals / 지방 10.5g / 탄수화물 57.2g / 단백질 15.3g

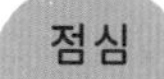

점심

혼합콩을 올린 토스트

2인분 분량 / 준비시간 5분 / 조리시간 25분

올리브오일 1작은술
잘게 다진 양파 ½개
으깬 마늘 1쪽
토마토 파사타* 200g
커민 가루 ½작은술
잉글리시 머스터드 파우더 1꼬집
카이엔페퍼 가루 1꼬집
꿀 1작은술
혼합콩 통조림 100g
소금과 후추
고대 곡물 무반죽 빵 토스트 (111쪽, 구운 것) 4장

01 중간 크기의 팬을 준비해 올리브오일을 두른다. 팬이 달궈지면 양파와 마늘을 넣고 부드러워질 때까지 빠르게 볶는다. 토마토 파사타, 커민 가루, 잉글리시 머스터드 파우더, 카이엔페퍼 가루, 꿀을 넣는다. 내용물이 반 정도 줄어들 때까지 15분간 뭉근하게 끓인다. 혼합콩을 넣고 5분간 더 익힌다.

02 소금과 후추로 간을 하고 고대 곡물 무반죽 빵 위에 올려 마무리한다.

1인분당 영양 정보 열량 396kcals / 지방 6.2g / 탄수화물 67.2g / 단백질 18.6g

* 토마토를 익히지 않고 곱게 간 것

저녁

태국식 연어 & 메밀국수

1인분 분량 / 준비시간 5분 / 조리시간 10분

- 참기름 1큰술
- 으깬 마늘 ½쪽
- 간 생강 1작은술
- 다진 대파 1개
- 잎을 제거하고 잘게 다진 고수 줄기 10g
- 반으로 자르고 칼이나 방망이 등으로 두드린 레몬그라스 1개
- 작은 크기로 썬 브로콜리 봉우리 75g
- 얇게 썬 표고버섯 75g
- 씨를 빼고 아주 얇게 썬 홍고추 ½개(작은 것)
- 코코넛밀크 200ml
- 피시소스 1작은술
- 연어살(필렛) 1개
- 메밀국수(소바) 90g

01 팬에 참기름을 두른다. 달궈지면 마늘, 생강, 대파, 고수 줄기, 레몬그라스를 넣고 2분간 약불에서 볶는다. 불을 올린 후 브로콜리 봉우리, 표고버섯, 홍고추를 넣고 1분간 더 볶는다.

02 코코넛밀크와 피시소스를 넣고 뭉근하게 끓인다. 연어살을 넣고 2분간 더 뭉근하게 끓인다. 메밀국수를 넣고 3분간 끓인다. 고수잎을 올려 마무리한다.

1인분당 영양 정보 열량 779kcals / 지방 60.4g / 탄수화물 134.9g / 단백질 15.8g

오버나이트 블루베리 치아 푸딩

태국식 연어 & 메밀국수

혼합콩을 올린 토스트

DAY
04

WEEK 1
목요일

저녁에 먹을 미트볼이 퍽퍽하다면 달걀 ½개를 풀어서 빵가루 20g과 함께 미트볼에 첨가해 보자. 훨씬 부드러워질 것이다.

아침
강황 스무디

1인분 분량 / 준비시간 25분

치아시드 1큰술
건포도(선택) 20g
코코넛밀크 150ml

강황 가루 1작은술 또는
간 신선한 강황 2작은술
간 생강 1작은술

사과초모식초 1작은술
꿀(선택) 1큰술
간 신선한 코코넛 1큰술

01 강황 가루, 생강, 사과초모식초를 넣은 코코넛밀크에 치아시드와 건포도(선택)를 푹 담가 20분간 불린다.

02 숟가락으로 내용물을 그릇에 담고 꿀(선택)을 뿌린 후 코코넛을 올려 마무리한다.

1인분당 영양 정보 열량 543kcals / 지방 40.9g / 탄수화물 47.1g / 단백질 6.6g

점심

따뜻한 콜리플라워와 시금치 샐러드

1인분 분량 / 준비시간 10 분 / 조리시간 20분

한입 크기로 썬 콜리플라워 봉우리 100g
얇게 썬 당근 90g
펜넬씨 2작은술
커민씨 2작은술
타히니소스 2큰술
레몬즙 1개 분량
줄기를 제거하고 잎은 잘게 다진 딜 5g
시금치 30g
소금과 후추
아몬드 & 헤이즐넛 두카 (106쪽, 토핑용) 1큰술

01 오븐을 200℃로 예열한다. 콜리플라워 봉우리와 당근에 펜넬씨, 커민씨, 소금, 후추를 넣고 섞는다. 오븐에 넣고 20분간 굽거나 채소가 노르스름해지며 익기 시작하면 꺼낸다.

02 오븐이 돌아가는 동안 타히니소스, 물 1큰술, 레몬즙 1개 분량을 섞은 후 딜을 넣고 저어주며 소금과 후추로 간을 한다.

03 구운 채소에 시금치와 타히니로 만든 드레싱을 넣고 뒤적인 후 아몬드·헤이즐넛 두카를 그 위에 뿌려 마무리한다.

1인분당 영양 정보 열량 351kcals / 지방 25.3g / 탄수화물 24.5g / 단백질 12.5g

저녁

칠면조, 레몬 & 올리브볼을 넣은 애호박 스파게티

2인분 분량 / 준비시간 15분 / 조리시간 10분

간(다진) 칠면조 고기 200g
레몬제스트와 레몬즙 ½개 분량
씨를 빼고 잘게 다진
 그린 올리브 20g
다진 오레가노잎 1큰술
으깬 마늘 1쪽
올리브오일 1½큰술
생아몬드 20g
엑스트라버진 올리브오일 2큰술
파슬리 30g
파르메산 치즈 20g
면처럼 길게 썬
 애호박 1개(큰 것)
소금과 후추

---

01 볼에 칠면조 고기, 레몬제스트, 그린 올리브, 오레가노잎, 마늘, 소금, 후추를 담아 골고루 섞는다. 섞은 재료를 공 모양으로 12개 만든다. 커다란 팬에 올리브오일 1큰술을 두르고 달궈지면 넣고 8~10분간 익힌다. 갈색이 될 때까지 한 번씩 굴려주며 고르게 익힌다.

02 푸드프로세서에 생아몬드, 파슬리, 레몬즙, 엑스트라버진 올리브오일, 파르메산 치즈를 넣고 간다. 소금과 후추로 간을 한다. 팬에 올리브오일 ½큰술을 두르고 애호박을 넣어 부드러워질 때까지 1분간 볶는다. 소금과 후추로 간을 한다. 페스토(갈아 둔 것)와 미트볼을 넣고 잘 뒤적인 후 식탁에 낸다.

1인분당 영양 정보 열량 666kcals / 지방 54.5g / 탄수화물 17.3g / 단백질 33.7g

따뜻한 콜리플라워와
시금치 샐러드

칠면조, 레몬 & 올리브볼을 넣은
애호박 스파게티

강황 스무디

DAY
05
WEEK 1
금요일

아침 식사에 아마씨·캐슈너트 분태를 넣어 바삭바삭한 식감과 고소한 맛까지 더해보자. 저녁은 한 번 더 먹을 수 있을 만큼 충분하니 냉장고에 보관해 다음 식사 때 먹도록 하자.

아침

코코넛을 뿌린 생강 쌀죽

1인분 분량 / 준비시간 5분 / 조리시간 3~5분

쌀 플레이크 50g
코코넛밀크 520㎖
카다몸 꼬투리와 씨 가루 2개 분량
생강 가루 ½작은술
다진 코코넛 과육 50g
얇게 썬 망고 ¼개
아마씨 & 캐슈너트 분태 (105쪽) 1큰술

01 작은 프라이팬에 쌀 플레이크, 코코넛밀크, 생강 가루, 카다몸 꼬투리와 씨 가루를 넣고 잘 섞는다. 한소끔 끓으면 불을 줄이고 뭉근하게 끓인다. 원하는 만큼의 농도가 될 때까지 자주 저어주며 3~5분간 끓인다. 코코넛밀크와 물을 소량 첨가해도 된다.

02 숟가락으로 내용물을 그릇에 담고 코코넛 과육, 망고, 아마씨·캐슈너트 분태를 올려 마무리한다.

1인분당 영양 정보 열량 611kcals / 지방 31.1g / 탄수화물 72.3g / 단백질 19.5g

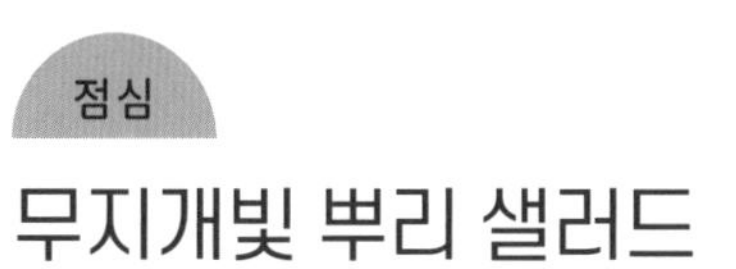

점심

무지개빛 뿌리 샐러드

1인분 분량 / 준비시간 20분

- 세로로 아주 얇게 썬 당근 1개
- 세로로 아주 얇게 썬 파스닙 1개
- 아주 얇게 썬 적양배추 80g
- 아주 얇게 썬 키오자비트 2개
- 아주 얇게 썬 래디시 4개
- 엑스트라버진 올리브오일 1큰술
- 사과초모식초 1작은술
- 꿀 ½작은술
- 요거트(114쪽) 2큰술
- 잘게 다진 차이브 1큰술
- 볶은 호박씨 15g
- 소금과 후추

01 큰 그릇에 당근, 파스닙, 적양배추, 키오자비트, 래디시를 넣고 뒤적인다.

02 작은 물병에 엑스트라버진 올리브오일, 사과초모식초, 꿀, 요거트, 차이브를 담아 섞은 후 소금과 후추로 간을 해서 드레싱을 만든다. 채소 샐러드에 드레싱을 붓고 10분간 둔다. 호박씨를 올려 마무리한다.

1인분당 영양 정보 열량 384kcals / 지방 18.8g / 탄수화물 52.5g / 단백질 8.5g

저녁

미소된장과 구운 고구마를 곁들인 바삭바삭한 두부

2인분 분량 / 준비시간 20분 / 조리시간 40분

물기 뺀 단단한 두부 200g
시로미소된장 1큰술
쌀와인식초 ½큰술
꿀 1작은술
간 생강 2cm 조각
빗모양으로 작게 썬
 고구마 2개(큰 것)
땅콩오일 3큰술
옥수숫가루 2큰술
칠리 파우더 1작은술
소금과 후추
물냉이 50g(토핑용)
흑참깨 2큰술(토핑용)

01 오븐을 200℃로 예열한다. 키친타월로 두부를 싸서 도마 위에 올리고 접시로 15분간 눌러둔다. 시로미소된장, 쌀와인식초, 꿀, 생강을 섞어 드레싱을 만든다. 베이킹트레이에 고구마를 올리고 땅콩오일 1큰술을 고구마 위로 부은 후 오븐에 넣어 30분간 굽는다.

02 칠리 파우더와 옥수숫가루를 섞는다. 두부를 길쭉하게 썰고 칠리·옥수숫가루를 코팅하듯 바른 후 소금과 후추로 간을 한다. 팬에 땅콩오일 2큰술을 두른다. 두부를 넣고 노르스름해질 때까지 볶는다. 접시에 두부, 고구마, 물냉이, 드레싱, 흑참깨를 올리고 마무리한다.

1인분당 영양 정보 열량 563kcals / 지방 28.3g / 탄수화물 68.2g / 단백질 19g

무지개빛 뿌리 샐러드

미소된장과 구운 고구마를 곁들인
바삭바삭한 두부

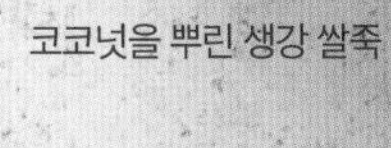

코코넛을 뿌린 생강 쌀죽

WEEK 1

토요일

나만의 새싹(48쪽 참고)을 키워보는 건 어떨까? 하룻밤 푹 담가놓으면 3~7일 내로 발아할 것이다. 유리용기에 담아 냉장고에 넣고 주말 아침 식사에 곁들여 먹어보자.

아침

수란 & 아보카도를 올린 호밀빵/씨앗빵

1인분 분량 / 준비시간 15분 / 조리시간 5분

- 라임즙 1개 분량
- 설탕 1작은술
- 엑스트라버진 올리브오일 1작은술
- 아주 얇게 썬 래디시 50g
- 화이트와인식초 ½작은술
- 달걀 ½작은술
- 껍질을 벗기고 씨를 뺀 아보카도 ½개
- 먹기 전에 구운 호밀빵 1장 또는 슈퍼 씨앗빵(110쪽) 1장
- 소금과 후추
- 가위로 싹둑 자른 새싹 채소 10g(장식용) 또는 아마씨 & 캐슈너트 분태(105쪽) 2작은술

01 볼에 라임즙을 짜고 한쪽에 둔다. 볼에 짜고 남은 라임, 설탕, 엑스트라버진 올리브오일을 먼저 섞은 후 래디시를 넣고 골고루 젓는다. 한쪽에 10분간 두면 피클을 빠르게 만들 수 있다. 10분 후 건더기만 체로 건진다.

02 작은 팬에 물을 붓고 약불에서 끓인다. 끓기 시작하면 화이트와인식초를 넣고 3~4분간 끓이며 수란을 만든다. 아보카도를 으깨 소금을 약간 넣고 남겨두었던 라임즙을 넣는다. 빵에 아보카도, 래디시, 수란을 올리고 새싹 채소로 장식하여 마무리한다.

1인분당 영양 정보 열량 381kcals / 지방 25g / 탄수화물 32.5g / 단백질 11g

점심

배와 아몬드를 넣은 케일 & 땅콩호박 샐러드

1인분 분량 / 준비시간 5분 / 조리시간 35분

씨를 빼고 1cm 두께로 초승달 모양으로 썬 땅콩호박 120g
줄기를 제거하고 잎만 대강 다진 케일 80g
올리브오일 1큰술
반으로 썰어 씨를 뺀 후 아주 얇게 썬 배 1개
얇게 썬 생아몬드 10g
엑스트라버진 올리브오일 2큰술
발사믹식초 1큰술
소금과 후추

---

01 오븐을 200°C로 예열한다. 올리브오일에 땅콩호박을 넣고 뒤적인 후 소금과 후추로 간을 하고 오븐에서 30분간 굽거나 땅콩호박이 익을 때까지 굽는다. 중간에 한 번 뒤적여 준다. 케일을 넣고 골고루 섞은 후 오븐에서 5분간 더 굽는다.

02 접시에 땅콩호박과 케일을 놓고 배와 생아몬드를 그 위에 올린다. 엑스트라버진 올리브오일에 발사믹식초를 넣고 소금과 후추로 간을 한 후 샐러드 드레싱으로 사용한다.

1인분당 영양 정보 열량 601kcals / 지방 46.7g / 탄수화물 49.4g / 단백질 5.4g

저녁

붉은 파프리카와 시금치를 넣은 토마토 요리

1인분 분량 / 준비시간 5분 / 조리시간 10분

기버터, 코코넛오일 또는 올리브오일 1작은술
잘게 깍둑썰기한 샬롯 1개
잘게 깍둑썰기한 붉은색 파프리카 ½개
얇게 썬 마늘 1쪽(작은 것)
씨를 빼고 잘게 깍둑썰기한 홍고추 ½개(작은 것)
얇게 썬 생강 1작은술
토마토퓌레 1작은술
반으로 썬 방울토마토 8개
가람마살라 2작은술
삶아서 물기를 뺀 쪼개서 말린 붉은색 렌틸콩 70g
어린 시금치 40g
아주 얇게 썬 대파 ½개
잎만 떼서 따로 둔 고수 1움큼
소금과 후추

---

01 팬에 기버터를 녹인 후 샬롯, 붉은색 파프리카, 홍고추를 넣고 5분간 볶다가 마늘과 생강을 넣고 저어준다. 토마토퓌레, 방울토마토, 가람마살라를 넣고 2분간 조리한다. 붉은색 렌틸콩과 시금치를 넣고 1분간 저어주며 익힌다.

02 소금과 후추로 간을 하고 대파와 고수잎을 뿌려 마무리한다.

1인분당 영양 정보 열량 321kcals / 지방 11.2g / 탄수화물 55.2g / 단백질 15.3g

볶은 파프리카와
시금치를 넣은 토마토 요리

배와 아몬드를 넣은
케일 & 땅콩호박 샐러드

수란 & 아보카도를 올린
호밀빵/씨앗빵

WEEK 1

일요일

씨앗 크래커를 만들어 밀폐용기에 담아두면 일주일 동안 필요할 때마다 꺼내 먹기 편하다.

아침

토마토퓌레를 올린 토스트

1인분 분량 / 준비시간 5분 / 조리시간 5분

잘 익은 토마토 1개(큰 것) 또는 2개(중간 것)
엑스트라버진 올리브오일 1큰술
고대 곡물 무반죽 빵(111쪽) 2장 또는 사워도우 2장
반으로 썬 마늘 1쪽
소금과 후추

01 토마토를 껍질만 남을 때까지 강판에 간다. 엑스트라버진 올리브오일을 섞고 소금과 후추로 간을 한다.

02 뜨겁게 달군 무쇠팬에 빵을 올리고 2분간 앞뒤로 고르게 굽는다. 반으로 썬 생마늘 1쪽을 마늘 향이 듬뿍 배도록 뜨거운 빵 전체에 골고루 문지른 후 숟가락으로 토마토를 떠서 빵에 올린 후 바로 먹는다.

1인분당 영양 정보 열량 299kcals / 지방 17.4g / 탄수화물 34.7g / 단백질 5.8g

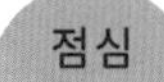
점심

구운 마늘을 넣은 미소된장 수프

1인분 분량 / 준비시간 5분 / 조리시간 30분

통마늘 ½
소량의 물에 푼
 시로미소된장 1큰술
다시물 350㎖
아주 얇게 썬 근대 80g
레몬제스트 ½개 분량
아주 얇게 썬 김 ½장
씨앗 크래커(259쪽, 곁들임 용)
 2개

01 오븐을 220℃로 예열한다. 통마늘을 오븐에서 20분간 굽고 어느 정도 식으면 포크로 부드럽게 으깬다.

02 팬에 마늘을 넣고 다시물을 부어 휘젓는다. 한소끔 끓으면 불을 줄이고 시로미소된장, 근대, 레몬제스트, 김을 넣고 내용물이 부드러워질 때까지 젓는다. 씨앗 크래커를 곁들여 낸다.

1인분당 영양 정보 열량 313kcals / 지방 19g / 탄수화물 18.5g / 단백질 18.3g

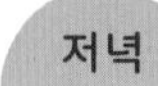

저녁

닭, 고구마 & 생강 볶음

1인분 분량 / 준비시간 5분 / 조리시간 15분

메밀국수(소바) 90g
한입 크기로 길게 썬
　닭 넓적다리살 1조각(큰 것)
아주 얇게 썬 마늘 1쪽
성냥개비 모양으로 썬 생강 2.5cm
　조각
참기름 1작은술
1cm 크기로 다진 파 1개
껍질을 벗기고 성냥개비
　모양으로 썬 고구마 1개
반으로 썬 브로콜리니 80g
간장 1큰술
피시소스 1큰술
미림 1작은술
참깨 1작은술
빗모양으로 썬 라임 1개

01 포장지에 적힌 지시대로 메밀국수를 삶는다. 면을 건져 찬물에 헹군다.

02 웍(중화요리용 팬)에 참기름을 두르고 달궈지면 닭 넓적다리살을 넣고 갈색이 될 때까지 강불에서 빠르게 볶는다. 마늘, 생강, 대파, 고구마를 넣고 4분간 강불에서 빠르게 볶는다. 브로콜리니를 넣고 뒤적이며 2분간 볶는다. 간장, 피시소스, 미림을 넣고 1분간 더 조리한다.

03 국수에 볶은 재료를 넣고 뒤적인다. 참깨와 라임을 올려 마무리한다.

1인분당 영양 정보 열량 597kcals / 지방 25g / 탄수화물 52.6g / 단백질 44.7g

구운 마늘을 넣은 미소된장 수프

닭, 고구마 & 생강 볶음

토마토퓌레를 올린 토스트

WEEK 2_ 장보기 목록

과일 & 채소

- [ ] 오렌지 3개
- [ ] 레몬 2개
- [ ] 라임 1개
- [ ] 자몽 2개
- [ ] 익힌 바나나 1개
- [ ] 블루베리 100g
- [ ] 라즈베리 65g
- [ ] 석류씨 60g
- [ ] 사과 1개
- [ ] 코코넛 간 것 2큰술
- [ ] 딸기 8개
- [ ] 금귤 2개
- [ ] 아보카도 1개
- [ ] 양파 2개
- [ ] 적양파 1개
- [ ] 통마늘 1개
- [ ] 샬롯 1개
- [ ] 대파 1개
- [ ] 당근 1개(작은 것), 2 ½개
- [ ] 비트 2개(작은 것), 1개(중간 것)
- [ ] 애호박 1개
- [ ] 양송이버섯 70g
- [ ] 콜리플라워 580g
- [ ] 근대 80g
- [ ] 적양배추 60g
- [ ] 케일 80g
- [ ] 시금치 100g + 어린 시금치 130g
- [ ] 카볼로네로(혹은 케일) 20g
- [ ] 브로콜리 80g
- [ ] 풋콩 40g
- [ ] 마타리 상추(콘샐러드) 70g
- [ ] 붉은색 파프리카 1 ½개
- [ ] 토마토 1개(중간 것)
- [ ] 오이 2.5cm
- [ ] 펜넬 ½개
- [ ] 셀러리 스틱 1 ½개
- [ ] 파슬리 50g
- [ ] 바질 10g
- [ ] 민트 45g
- [ ] 타임 8개
- [ ] 고수 10g
- [ ] 오레가노(선택) 2개
- [ ] 신선한 생강 8cm
- [ ] 홍고추 1개

신선 식품/달걀

- [ ] 바나나(냉동) 1개
- [ ] 아몬드우유 800㎖
- [ ] 코코넛요거트 300㎖
- [ ] 그릭요거트 7큰술 (또는 만든 것, 114쪽 참고)
- [ ] 페타 치즈 30g
- [ ] 파르메산 치즈 25g
- [ ] 연어살 2개
- [ ] 닭 넓적다리살 3개(뼈가 있는 것), 1개 (껍질과 뼈가 있는 것)
- [ ] 달걀 1개(중간 것), 2개(큰 것)

그 외

- [ ] 메밀국수(소바) 90g
- [ ] 통곡물 스펠트 스파게티 90g
- [ ] 카마르그 붉은 현미와 와일드라이스(줄속) 80g
- [ ] 통보리 120g
- [ ] 파로(곡물) 85g
- [ ] 퀴노아 100g
- [ ] 롤드 오트 90g
- [ ] 스펠트 밀가루 125g
- [ ] 병아리콩 가루
- [ ] 아몬드 40g
- [ ] 잣
- [ ] 호박씨
- [ ] 치아시드
- [ ] 참깨
- [ ] 양귀비씨
- [ ] 해바라기씨
- [ ] 토마토 통조림 200g
- [ ] 코코넛밀크 통조림 150㎖
- [ ] 리마콩(버터빈) 100g
- [ ] 퓌렌틸콩 100g
- [ ] 토마토퓌레
- [ ] 훈제 파프리카 가루
- [ ] 시나몬 가루
- [ ] 커민씨
- [ ] 올스파이스
- [ ] 강황 가루
- [ ] 펜넬씨
- [ ] 칠리 플레이크
- [ ] 가람마살라
- [ ] 중간 매운맛 카레 가루
- [ ] 카이엔페퍼 가루
- [ ] 말린 오레가노
- [ ] 라스 엘 하누트 스파이스
- [ ] 자타르 스파이스
- [ ] 하리사 페이스트
- [ ] 엑스트라버진 올리브오일
- [ ] 올리브오일
- [ ] 참기름
- [ ] 코코넛오일
- [ ] 타히니소스
- [ ] 간장
- [ ] 쌀와인식초
- [ ] 유기농 생꿀
- [ ] 디종 머스터드
- [ ] 케이퍼
- [ ] 건포도
- [ ] 메드줄 대추야자
- [ ] 말린 무화과
- [ ] 말린 살구
- [ ] 레몬 절임
- [ ] 생카카오 파우더
- [ ] 생카카오 닙스
- [ ] 플랫브레드 (효모를 사용하지 않은 빵) 1장
- [ ] 바닐라 추출물
- [ ] 베이킹소다

WEEK 2_ 준비

두 번째 시작하기 전에 미리 만들 수 있는 음식을 만들어보고, 장보기 목록에서 빠진 게 없는지 확인해보자.

기본

(보관기간이 길어서 미리 만들어 놓을 수 있는 음식)

- 아몬드 & 헤이즐넛 두카(106쪽)
- 아마씨 & 캐슈너트 분태(105쪽)
- 양념을 넣어 구운 혼합견과(102쪽)
- 치아시드를 첨가한 구운 시나몬 양념 퀴노아(101쪽)
- 황금 호두 & 해바라기씨 분태(104쪽)
- 홈메이드 그래놀라(108쪽)
- 닭 뼈 육수(78쪽)
- 슈퍼 씨앗빵(110쪽 참고)
- 고대 곡물 무반죽 빵(111쪽)
- 인도식 양념이 가미된 발효 당근(84쪽)
- 강황 양파 피클(88쪽)

만들기

- 카볼로네로 페스토 (DAY 08, 158쪽)
- 퓌렌틸콩 50g(DAY 09, 161쪽)
- 리마콩 100g(DAY 09, 162쪽)
- 통보리 120g(DAY 10, 165쪽)
- 흰강낭콩 120g(DAY 11, 169쪽)

오븐에 굽기

- 비트 1개 (중간 크기, DAY 09, 161쪽)
- 콜리플라워 200g (DAY 11, 169쪽)

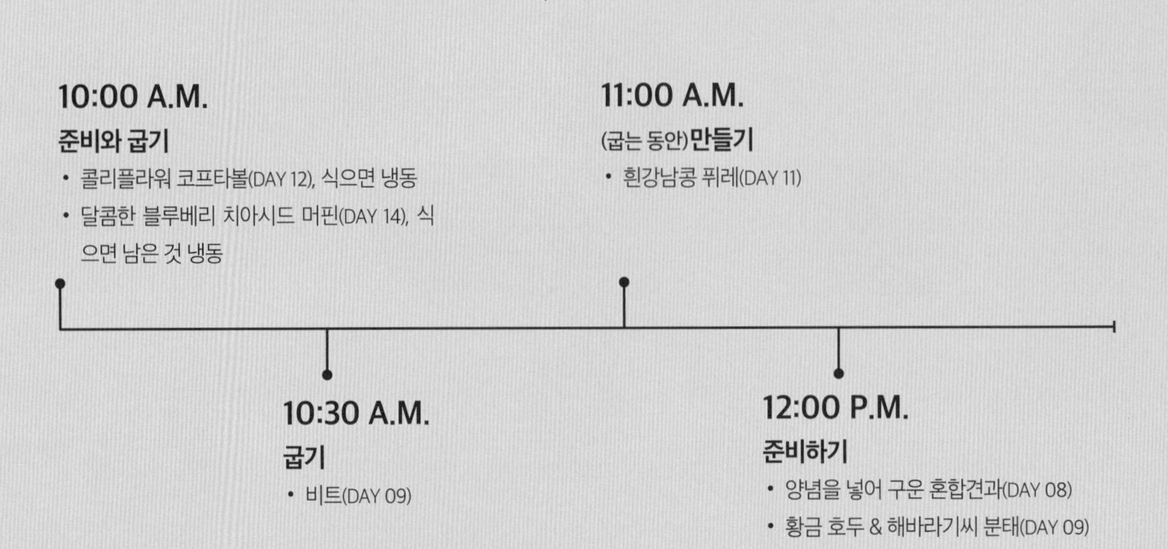

WEEK 2 일정표

10:00 A.M.

준비와 굽기

- 콜리플라워 코프타볼(DAY 12), 식으면 냉동
- 달콤한 블루베리 치아시드 머핀(DAY 14), 식으면 남은 것 냉동

10:30 A.M.

굽기

- 비트(DAY 09)

11:00 A.M.

(굽는 동안)**만들기**

- 흰강남콩 퓌레(DAY 11)

12:00 P.M.

준비하기

- 양념을 넣어 구운 혼합견과(DAY 08)
- 황금 호두 & 해바라기씨 분태(DAY 09)

콜리플라워 코프타 만들기(174쪽 참고)

1. 오븐을 200℃로 예열한다. 콜리플라워를 넣고 3분간 찐다. 콜리플라워를 꺼내 흐르는 물에 헹구고 깨끗한 천으로 톡톡 두드려 말린다.

2. 푸드프로세서에 콜리플라워, 캐슈너트, 병아리콩을 넣고 완전히 섞일 때까지 간다. 강황 가루, 카레 가루, 병아리콩 가루를 넣는다. 반죽을 호두 크기로 동그랗게 빚어 코프타(kofta, 중동식 미트볼)를 만들고 종이포일을 깐 베이킹트레이에 올린다.

3. 코프타에 요리용 붓으로 올리브오일을 바르고 오븐에서 30분간 굽는다.

4. 다 익으면 팬에 코프타와 시금치를 넣고 따뜻하게 데워서 식탁에 낸다.

DAY
08

WEEK 2

월요일

저녁용 맛있는 카볼로네로 페스토는 한 번에 2인분 정도 만들어놓고, 일주일 내로 한 번 더 먹자.

아침

코코넛요거트를 곁들인 따뜻한 감귤류 과일

1인분 분량 / 준비시간 10분 / 조리시간 5분

절반은 껍질 벗겨 얇게 썰고, 절반은 즙을 짠 오렌지 1개
꿀 1작은술
절반은 한 조각씩 떼어내고, 절반은 즙을 짠 자몽 1개
아주 얇게 썬 생강 1cm 조각
아마씨 & 캐슈너트 분태(105쪽) 30g
코코넛요거트 150㎖

01 작은 팬에 오렌지즙, 자몽즙, 꿀, 생강을 넣고 시럽 같은 제형이 될 때까지 1~2분간 뭉근하게 끓인다. 썰어두었던 오렌지와 자몽 조각에 시럽을 체에 걸러 붓고 생강 건더기는 버린다. 5분간 식힌다.

02 코코넛요거트를 넣고 그 위에 과일과 아마씨·캐슈너트 분태를 올려 마무리한다.

1인분당 영양 정보 열량 521kcals / 지방 15.1g / 탄수화물 89g / 단백질 15.2g

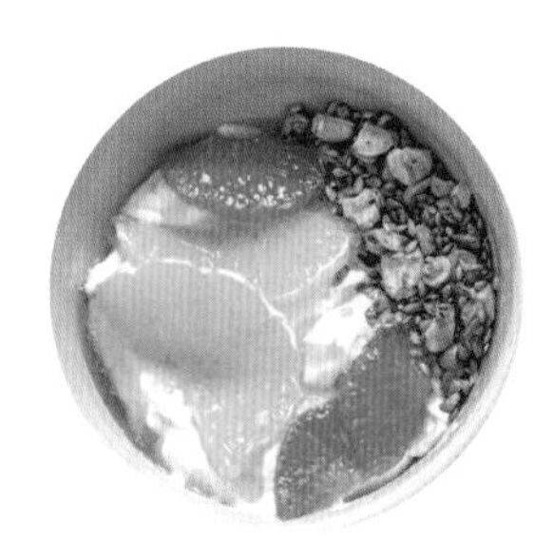

점심

생당근 수프

1인분 분량 / 준비시간 5분 / 조리시간 5분

다진 당근 2개
껍질 벗기고 씨를 뺀 아보카도 ½개
껍질을 벗기지 않은 생강 2cm 조각
가위로 대강 자른 차이브 5g
강황 가루 ½작은술
카이앤페퍼 가루 1꼬집
잎은 떼서 따로 두고 줄기는 대강 다진 고수 5g
닭 뼈 육수(78쪽) 100㎖
소금과 후추
양념을 넣어 구운 혼합견과 1큰술(102쪽 참고, 토핑용)

01 믹서기에 당근, 아보카도, 차이브, 생강, 강황 가루, 카이엔페퍼 가루, 고수 줄기, 닭 뼈 육수를 넣고 크림같이 부드러운 질감이 될 때까지 간다. 너무 퍽퍽하면 물을 소량 첨가한다.

02 팬에 담아 따뜻해질 때까지 약불에서 천천히 끓인다. 소금과 후추로 간을 하고 고수잎과 구운 양념 혼합견과를 올려 마무리한다.

1인분당 영양 정보 열량 371kcals / 지방 24.5g / 탄수화물 35.7g / 단백질 8.98g

저녁

카볼로네로 페스토를 넣은 마늘 스펠트 파스타

1인분 분량 / 준비시간 5분 / 조리시간 15분

잎을 제거한 카볼로네로 20g
시금치 20g
바질 10g
엑스트라버진 올리브오일 3큰술
파르메산 치즈 25g
호박씨 1큰술
으깬 마늘 ½쪽
레몬제스트와 레몬즙 ½개 분량
통곡물 스펠트 스파게티 90g
올리브오일 2작은술
얇게 썬 마늘 1쪽
씨를 빼고 아주 얇게 썬 홍고추 ½개
소금과 후추

01 끓는 물에 카볼로네로를 넣고 부드러워질 때까지 익힌다. 체로 건진다. 믹서기에 데친 카볼로네로, 시금치, 바질, 엑스트라버진 올리브오일, 소량만 남긴 나머지 파르메산 치즈, 호박씨, 마늘, 레몬즙을 넣고 걸쭉한 질감이 될 때까지 간다. 소금과 후추로 간을 하여 페스토를 만든다.

02 끓는 물에 스파게티를 넣는다. 면이 약간 단단한 정도인 알덴테로 익힌 후 건진다. 팬에 올리브오일을 넣고 달궈지면 마늘과 홍고추를 넣고 2분간 볶다가 레몬제스트를 넣는다. 면을 넣고 맛과 향이 배도록 뒤적인다. 만든 페스토와 남겨두었던 파르메산 치즈를 올려 마무리한다.

1인분당 영양 정보 열량 492kcals / 지방 33.3g / 탄수화물 39.1g / 단백질 18.8g

코코넛요거트를 곁들인
따뜻한 감귤류 과일

카볼로네로 페스토를 넣은
마늘 스펠트 파스타

생당근 수프

DAY

09

WEEK 2

화요일

저녁에 닭 넓적다리살을 좀 더 만들어 놓으면 다음 날 수프를 만들 때 시간을 절약할 수 있다. 구운 비트 샐러드(점심)에 바삭한 맛을 첨가하려면 황금 호두·해바라기씨 분태를 뿌려서 식탁에 내자.

아침

살짝 태운 오렌지를 올린 강황 포리지

1인분 분량 / 준비시간 5분 / 조리시간 10분

- 아몬드우유 350㎖
- 포리지 오트밀 50g
- 강황 가루 ½작은술
- 시나몬 가루 ½작은술
- 알맹이만 발라내어 4조각 잘라낸 오렌지 1개
- 건포도 20g
- 올리브오일 1작은술
- 치아시드를 첨가한 구운 시나몬 양념 퀴노아 1큰술(101쪽, 토핑용)

01 작은 팬에 아몬드우유, 포리지 오트밀, 강황 가루, 시나몬 가루, 건포도를 넣는다. 한소끔 끓으면 5~6분간 뭉근하게 끓인다.

02 끓이는 동안 무쇠팬을 달군다. 썰어놓은 오렌지에 올리브오일을 바른 후 무쇠팬에 넣고 오렌지가 캐러멜라이징이 될 때까지 양면을 2~3분간 익힌다. 오렌지와 양념 퀴노아를 포리지에 올려 마무리한다.

1인분당 영양 정보 열량 396kcals / 지방 17.21g / 탄수화물 58.7g / 단백질 8.6g

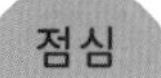

구운 비트와 생강 & 사과 샐러드

1인분 분량 / 준비시간 20분 / 조리시간 30분

한입 크기 빗모양으로 썬 비트 1개
올리브오일 1작은술
오렌지제스트와 오렌지즙 ¼개 분량
아주 얇게 썬 생강 3cm 조각
삶은 퓌렌틸콩 50g
엑스트라버진 올리브오일 1큰술
디종 머스터드 ½작은술
강황 양파 피클(88쪽) 1큰술
씨를 빼고 아주 얇게 썬 사과 1개
세척한 마타리 상추 (콘샐러드) 30g
황금 호두 & 해바라기씨 분태(104쪽) 20g
소금과 후추

---

01 오븐을 200℃로 예열한다. 비트에 올리브오일을 바르고 소금과 후추로 간을 한 후 오븐에 20분간 굽는다. 생강, 오렌지제스트, 퓌렌틸콩을 넣고 비트가 부드러워질 때까지 10분간 더 굽는다.

02 엑스트라버진 올리브오일, 오렌지즙, 디종 머스터드를 넣어 섞고 소금과 후추로 간을 하여 드레싱을 만든다. 오븐에 구운 비트와 렌틸콩에 강황 양파 피클, 사과, 마타리 상추를 모두 넣고 뒤적여 준다. 오렌지 드레싱을 뿌리고 황금 호두·해바라기씨 분태를 올려 마무리한다.

1인분당 영양 정보 열량 480kcals / 지방 32.3g / 탄수화물 46g / 단백질 9.79g

저녁

볶은 케일을 넣은 닭 넓적다리살 찜

2인분 분량 / 준비시간 5분 / 조리시간 45분

얇게 썬 붉은색 파프리카 ½개
훈제 파프리카 가루 1작은술
으깬 마늘 1쪽
아주 얇게 썬 셀러리 스틱 ½개
잎을 제거한 오레가노 또는 타임 2개
닭 뼈 육수(78쪽) 100㎖
토마토 통조림 200g
껍질과 뼈가 붙어있는 닭 넓적다리살 3개
올리브오일 1작은술
삶은 후 헹군 리마콩(버터빈) 100g
굵은 줄기를 제거하고 다진 케일 80g
소금과 후추
다진 이탈리아 파슬리 5g(장식용)

01 오븐을 180℃로 예열한다. 오븐용 접시에 붉은색 파프리카, 훈제 파프리카 가루, 마늘, 셀러리 스틱, 오레가노, 닭 뼈 육수, 토마토를 넣고 섞는다. 닭 넓적다리살을 위에 올리고 올리브오일을 뿌린다. 소금과 후추로 간을 한 후 오븐에서 30분간 익힌다.

02 리마콩과 케일을 넣고 골고루 저은 후 15분간 더 익힌다. 이탈리아 파슬리로 장식한다. 닭 넓적다리살(뼈가 붙은) 1개와 살을 바른 다리뼈 2개를 냉장고에 넣고 다음 날 점심에 쓴다.

1인분당 영양 정보 열량 566kcals / 지방 30.75g / 탄수화물 23.85g / 단백질 53.7g

볶은 케일을 넣은
닭 넓적다리살 찜
구운 비트와 생강 & 사과 샐러드
살짝 태운 오렌지를 올린
강황 포리지

DAY

10

WEEK 2

수요일

항산화 물질이 다량 함유된 다크초콜릿은 아침 식사와 함께 먹으면 맛이 배가 된다. 오늘 저녁 브로콜리 요리에는 아마씨·캐슈너트 분태를 뿌려서 바삭한 맛을 즐겨보자.

아침

다크초콜릿 스무디

1인분 분량 / 준비시간 5분

- 아몬드우유 140㎖
- 치아시드 1큰술
- 시나몬 가루 ½작은술
- 냉동 바나나 1개
- 생카카오 가루 1작은술
- 생카카오 닙스 1큰술
- 씨를 빼고 다진 메드줄 대추야자 1개
- 바닐라 추출물 ¼작은술
- 간 코코넛 과육 2큰술
- 얇게 썬 딸기 2개

01 믹서기에 아몬드우유, 치아시드, 시나몬 가루, 바나나, 생카카오 가루와 닙스, 메드줄 대추야자, 바닐라 추출물을 넣고 부드러운 질감이 될 때까지 간다. 볼에 담아 코코넛과 딸기를 올려 마무리한다.

1인분당 영양 정보 열량 417kcals / 지방 17.2g / 탄수화물 59.8g / 단백질 7.5g

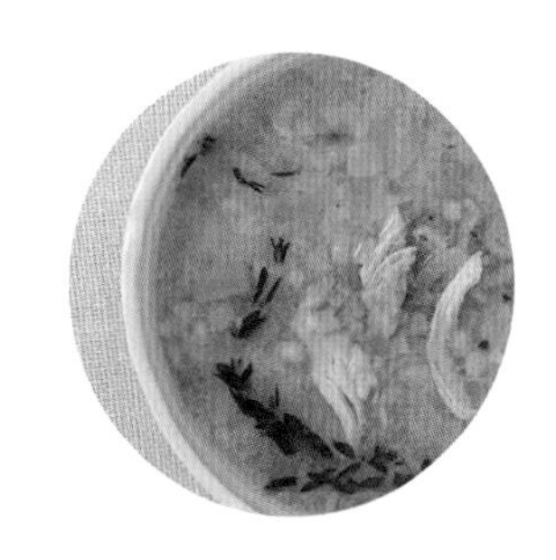

점심

닭 야채죽

2인분 분량 / 준비시간 5분 / 조리시간 20분

올리브오일 1작은술
잘게 깍둑썰기한 당근 ½개
잘게 깍둑썰기한 양파 ½개
잘게 깍둑썰기한 셀러리 스틱 1개
스펠트 밀가루 1작은술
타임 3줄기
전날 저녁에 남긴 닭 넓적다리 뼈 2개
전날 저녁에 남긴 닭 넓적다리살 살코기 1개
닭 뼈 육수(78쪽) 700㎖
익힌 통보리 120g
다진 이탈리아 파슬리 5g(장식용)
소금과 후추

01 팬에 올리브오일을 두르고 달궈지면 당근, 양파, 셀러리 스틱을 넣고 부드러워질 때까지 볶는다. 스펠트 밀가루와 타임을 넣고 1분간 익힌다. 치킨스톡, 통보리, 닭 넓적다리뼈를 넣는다. 한소끔 끓으면 10분간 뭉근하게 끓인다.

02 뼈를 건진 후 살코기를 넣고 뜨거워질 때까지 끓인다. 소금과 후추로 간을 하고 이탈리아 파슬리로 장식한다. 남으면 냉장고에 넣고 다음에 먹는다.

1인분당 영양 정보 열량 341.5kcals / 지방 11.3g / 탄수화물 36g / 단백질 24.8g

저녁

구워서 양념으로 볶은 브로콜리

1인분 분량 / 준비시간 5분 / 조리시간 15분

라임제스트와 라임즙 ½개 분량
으깬 마늘 1쪽
참기름 2큰술
작은 크기로 썬
　브로콜리 봉우리 80g
타히니소스 2큰술
메밀국수(소바) 90g
씨를 빼고 잘게 다진 홍고추 ½개
얇게 썬 생강 1cm 조각
간장 1큰술
쌀와인식초 1작은술
꿀 1작은술
다진 파슬리 1큰술
소금과 후추

01 오븐을 220℃로 예열한다. 라임즙, 라임제스트, 마늘, 참기름 1큰술, 타히니소스 1큰술, 소금, 후추를 넣고 휘젓는다. 브로콜리를 넣고 뒤적인 후 오븐에 넣고 10분간 굽는다. 포장지에 적힌 지시대로 메밀국수를 삶은 후 면을 건져 찬물에 헹군다.

02 웍에 참기름 1큰술을 두르고 달궈지면 홍고추와 생강을 넣고 1분간 볶는다. 간장, 쌀와인식초, 꿀, 타히니소스 1큰술, 물 30㎖를 넣는다. 국수와 구운 브로콜리를 넣고 1분간 더 볶는다. 파슬리를 올려 마무리한다.

1인분당 영양 정보 열량 595kcals / 지방 43.7g / 탄수화물 45.9g / 단백질 14g

구워서 양념으로 볶은 브로콜리
닭 야채죽
다크초콜릿 스무디

DAY

11

WEEK 2

목요일

콜리플라워는 샐러드에 넣기에 안성맞춤인 채소다. 콜리플라워에 콩 퓌레를 넣으면 맛있는 점심이 될 것이다.

아침

라즈베리를 올린 뮤즐리

1인분 분량 / 준비시간 5분

롤드 오트 40g
잘게 다진 말린 무화과 1개
잘게 다진 말린 살구 2개
양귀비씨 1작은술
해바라기씨 1큰술
다진 아몬드 20g
아몬드우유
(먹기 직전 준비) 125㎖
토핑용 라즈베리 65g

01 롤드 오트, 무화과, 살구, 양귀비씨, 해바라기씨, 아몬드를 넣고 섞는다.

02 아몬드우유와 라즈베리를 곁들여 낸다.

1인분당 영양 정보 열량 418kcals / 지방 19.6g / 탄수화물 52.8g / 단백질 13.2g

콜리플라워 타불레

1인분 분량 / 준비시간 15분 / 조리시간 15분

- 콜리플라워 200g
- 커민씨 1작은술
- 올스파이스 ½작은술
- 엑스트라버진 올리브오일 2 ½작은술
- 삶은 흰강낭콩(카넬리니콩) 170g
- 으깬 마늘 ½쪽
- 레몬즙 ½개 분량
- 아몬드 플레이크 10g
- 석류씨 20g
- 대강 다진 파슬리 30g
- 대강 다진 민트 20g
- 씨를 빼고 깍둑썰기한 잘 익은 토마토 1개
- 씨 부분을 제거하고 깍둑썰기한 오이 2.5cm 조각
- 아주 얇게 썬 대파 ½개
- 소금과 후추

01 오븐을 220℃로 예열한다. 믹서기에 콜리플라워를 넣고 걸쭉해질 때까지 간다. 베이킹시트에 간 콜리플라워, 커민씨, 올스파이스, 엑스트라버진 올리브오일 2작은술을 넣고 섞은 후 고르게 펴서 오븐에 넣고 10분간 굽는다.

02 팬에 흰강낭콩과 물 2큰술을 넣어 2분간 데운다. 식힌 후 엑스트라버진 올리브오일 ½작은술, 레몬즙과 함께 믹서기에 넣고 갈아서 퓌레를 만든다.

03 마늘, 아몬드 플레이크, 석류씨, 파슬리, 민트, 토마토, 오이, 대파를 구운 콜리플라워에 넣고 섞는다. 퓌레를 올려 식탁에 낸다.

1인분당 영양 정보 열량 442kcals / 지방 19g / 탄수화물 54.9g / 단백질 20.2g

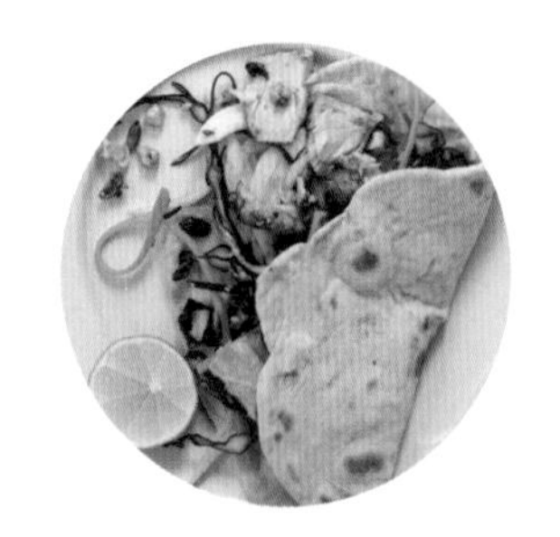

저녁

연어 & 코울슬로

1인분 분량 / 준비시간 10분 / 조리시간 15분

참기름 ½작은술
훈제 파프리카 가루 ½작은술
말린 오레가노 ½작은술
칠리 플레이크 1꼬집
연어살 1개
엑스트라버진 올리브오일 1큰술
한 조각은 빗모양으로 썰고,
  나머지는 즙으로 짠 라임 ½개
꿀 ½작은술
얇게 채 썬 적양배추 60g
얇게 채 썬 펜넬 ½개
가늘고 길게 썬 당근 1개(작은 것)
호박씨 10g
플랫브레드 1장
아마씨 & 캐슈너트
  분태(105쪽) 10g
소금과 후추

---

01 오븐을 200°C로 예열한다. 참기름, 훈제 파프리카 가루, 오레가노, 칠리 플레이크를 넣고 잘 젓는다. 섞은 재료를 연어살에 바르고 오븐에서 10분간 굽는다.

02 볼에 엑스트라버진 올리브오일, 라임즙, 꿀을 넣고 먼저 섞은 후 적양배추, 펜넬, 당근, 호박씨를 넣고 섞는다. 소금과 후추로 간을 한다.

03 기름을 두르지 않은 팬에 플랫브레드를 올려 1분간 굽는다. 플렛브레드가 담긴 접시에 코울슬로(양배추 믹스), 연어, 아마씨·캐슈너트 분태, 빗모양으로 썰어두었던 라임을 올려 마무리한다.

1인분당 영양 정보 열량 1042kcals / 지방 52.7g / 탄수화물 79.9g / 단백질 64.6g

라즈베리를 올린
뮤즐리
콜리플라워 타불레
연어 & 코울슬로

DAY
12

WEEK 2

금요일

저녁용 콜리플라워 코프타를 전날 밤에 만들어 식사 준비 시간을 절약해보자. 카마르그 붉은 현미와 와일드라이스(줄속)를 구할 수 없다면 현미를 사용해도 된다.

아침

딸기를 올린 견과 그래놀라

1인분 분량 / 준비시간 5분

- 코코넛요거트 150㎖
- 그래놀라(108쪽) 40g
- 잎만 떼서 다진 민트(선택) 1개(작은 것)
- 얇게 썬 딸기 6개

01 숟가락으로 코코넛요거트를 떠서 볼에 담는다.

02 딸기와 민트잎(선택)을 올리고 그래놀라를 곁들여 낸다.

1인분당 영양 정보 열량 241kcals / 지방 4g / 탄수화물 43.8g / 단백질 8.7g

점심

감귤 아보카도

1인분 분량 / 준비시간 10분 / 조리시간 15분

퀴노아 50g
엑스트라버진 올리브오일 2작은술
올리브오일 1작은술
잘게 깍둑썰기한 샬롯 1개
삶은 퓌렌틸콩 40g

잎만 대강 다진 민트 5g
볶은 잣 1큰술
자몽제스트와 낱개로 떼어낸 과육 ½개
껍질을 벗기고 씨를 뺀 후 깍둑썰기한 아보카도 ½개

대강 다진 파슬리 5g
세척한 어린 시금치 40g
냉동 풋콩 40g
아주 얇게 썬 잘 익은 금귤 2개
소금과 후추

01 팬에 물과 퀴노아를 넣고 부드러워질 때까지 익힌 다음 체로 건진다. 엑스트라버진 올리브오일 1작은술을 넣고 뒤적인 후 소금과 후추로 간을 하고 한쪽에 둔다. 올리브 오일을 두른 팬이 달궈지면 샬롯을 넣고 부드러워질 때까지 익힌다. 퓌렌틸콩을 넣고 따뜻해질 정도로만 볶는다. 불에서 내리고 파슬리, 민트잎, 잣, 자몽제스트를 넣고 젓는다.

02 퀴노아 믹스, 렌틸콩 믹스, 시금치를 섞지 말고 그릇 하나에 나눠서 가지런히 담는다. 아보카도, 자몽, 풋콩, 금귤을 올린다. 남은 엑스트라버진 올리브오일 1작은술을 뿌려 마무리한다.

1인분당 영양 정보 열량 627kcals / 지방 38.8g / 탄수화물 59.8g / 단백질 18.5g

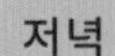
저녁

콜리플라워 코프타 카레

1인분 분량 / 준비시간 15분 / 조리시간 50분

콜리플라워 봉우리 80g
볶은 캐슈너트 15g
토핑용 캐슈너트 5g
삶아서 물기 뺀 병아리콩 80g
강황 가루 1작은술
약간 매운 카레 가루 1작은술

병아리콩 가루 1~2큰술
올리브오일 1작은술
잘게 다진 양파 ½개
으깬 마늘 1쪽
기버터 또는 코코넛오일 2작은술

가람마살라 1작은술
토마토퓌레 2작은술
코코넛밀크 150㎖
어린 시금치 60g
익힌 카마르그 붉은 현미와 와일드라이스 80g

01 오븐을 200℃로 예열한다. 콜리플라워 봉우리를 3분간 찐다. 믹서기에 찐 콜리플라워 봉우리, 볶은 캐슈너트, 병아리콩, 강황 가루 ½작은술, 카레 가루, 병아리콩 가루를 넣고 걸쭉한 질감이 날 때까지 간다. 재료를 한데 뭉쳐 공 모양으로 빚어서 코프타를 만든다. 올리브오일을 바르고 오븐에 넣어 30분간 굽는다.

02 팬에 기버터를 녹인 후 양파와 마늘을 넣고 채소가 부드러워질 때까지 볶는다. 여기에 남은 강황 가루 ½작은술, 가람마살라, 토마토퓌레를 넣고 1분간 볶는다. 코코넛밀크를 넣고 5분간 더 익힌다. 코프타와 시금치를 넣는다. 카마르그 붉은 현미와 와일드라이스, 토핑용 캐슈너트를 곁들여 낸다.

1인분당 영양 정보 열량 837kcals / 지방 56.9g / 탄수화물 72.2g / 단백질 20.2g

감귤 아보카도

딸기를 올린
슈퍼 견과 그래놀라

콜리플라워 코프타 카레

DAY

13

WEEK 2

토요일

수제 요거트 대신 그릭요거트를 사용해도 된다. 아침과 점심용 빵을 따로 만들어두지 않았다면 호밀빵이 훌륭한 대체재가 될 것이다.

아침

달걀 & 녹색 채소

1인분 분량 / 준비시간 5분 / 조리시간 15분

올리브오일 2작은술
대강 썬 양파 ½개
으깬 마늘 1쪽
펜넬씨 ½작은술
잎을 대강 다진 근대 80g
레몬제스트와 레몬즙 ½개 분량
시금치 80g
호박씨 20g
달걀 1개(큰 것)
요거트(114쪽) 1큰술
칠리 플레이크 1꼬집
고대 곡물 무반죽 빵 (111쪽, 구운 것) 1장
소금과 후추

01 프라이팬에 올리브오일 1작은술을 두르고 달궈지면 양파를 넣고 부드러워질 때까지 볶는다. 마늘과 펜넬씨를 넣고 1분간 조리한다. 근대잎, 레몬즙, 레몬제스트를 넣고 소금과 후추로 간을 한다. 근대가 부드러워질 때까지 뒤적인다. 시금치를 넣고 섞은 후 접시에 올린다.

02 호박씨를 팬에서 1~2분간 볶고 한쪽에 둔다. 팬에 올리브오일 1작은술을 두르고 계란을 굽는다.

03 볶은 채소가 담긴 접시에 계란, 요거트, 호박씨, 칠리 플레이크, 구운 빵을 올려 마무리한다.

1인분당 영양 정보 열량 310kcals / 지방 16.9g / 탄수화물 31.4g / 단백질 14.4g

비트 퓌레를 곁들인 고등어

1인분 분량 / 준비시간 5분 / 조리시간 35분

세척하고 다듬은 비트 2개(작은 것)
엑스트라버진 올리브오일 1작은술
잎을 제거한 타임 3개
레몬즙 ½개 분량
고등어살 1개
슈퍼 씨앗빵(110쪽, 구운 것) 1장
잘게 부순 페타 치즈 30g
아몬드 & 헤이즐넛 두카(106쪽) 1큰술
소금과 후추

01 오븐을 180°C로 예열한다. 오븐에 비트를 넣고 부드러워질 때까지 25분간 굽는다. 오븐에서 꺼내 어느 정도 식으면 껍질을 벗기고 엑스트라버진 올리브오일, 타임, 레몬즙 반, 소금, 후추와 함께 믹서기에 넣고 갈아서 퓌레를 만든다.

02 그릴을 높은 온도로 설정한다. 남은 레몬즙을 고등어살에 뿌리고 후추로 간을 한 후 그릴에서 4분간 굽는다. 중간에 뒤집어 준다. 비트 퓌레를 슈퍼 씨앗빵에 펴 바르고 고등어살과 페타 치즈를 올린 후 아몬드·헤이즐넛 두카를 뿌려 마무리한다.

1인분당 영양 정보 열량 490kcals / 지방 73.7g / 탄수화물 25g / 단백질 45.6g

저녁

하리사요거트를 넣은 닭, 대추야자 & 아몬드

1인분 분량 / 준비시간 10분 / 조리시간 25분

그릭요거트 또는 요거트(114쪽) 60g
하리사 페이스트 1큰술
뼈와 껍질 없는 닭 넓적다리살 1개(큰 것)
아주 얇게 썬 양파 ½개
올리브오일 3작은술
으깬 마늘 1쪽
라스 엘 하누트 스파이스 1작은술
익힌 퀴노아 50g
씨를 빼고 깍둑썰기한 구운 붉은색 파프리카 1개
레몬제스트 ½개 분량
대강 다진 고수 5g
씨를 빼고 대강 다진 대추야자 2개
다진 아몬드 20g

01 오븐을 190℃로 예열한다. 그릭요거트에 하리사 페이스트를 넣고 섞은 후 2큰술은 한쪽에 둔다. 요거트에 닭 넓적다리살을 넣고 섞는다. 팬에 올리브오일 2작은술과 양파를 넣고 양파가 부드러워질 때까지 볶는다. 마늘과 라스 엘 하누트 스파이스를 넣고 1분간 더 볶는다. 볶은 재료를 닭에 넣고 오븐에서 25분간 굽는다.

02 볼에 퀴노아, 레몬제스트, 붉은색 파프리카, 고수, 올리브오일 1작은술을 넣고 섞는다. 오븐에서 닭을 꺼내 적당히 썰어 접시에 담고 대추야자를 넣는다. 퀴노아 믹스, 아몬드, 한쪽에 두었던 요거트소스를 올려 마무리한다.

1인분당 영양 정보 열량 730kcals / 지방 44.5g / 탄수화물 48.5g / 단백질 41.9g

하리사요거트를 넣은
닭, 대추야자 & 아몬드

달걀 & 녹색 채소

비트 퓌레를 곁들인 고등어

DAY

14

WEEK 2

일요일

양념 병아리콩 구이볼은 발효 음식과 정말 잘 어울린다. 인도식 양념이 가미된 발효 당근 1큰술을 넣어 먹어보자. 남은 건 냉동실에 넣고 다음에 꺼내 먹으면 된다.

아침

달콤한 블루베리 치아시드 머핀

머핀 8개(냉동 가능) 분량 / 준비시간 10분 / 조리시간 15분

포크로 부드럽게 으깬 완전히 익은 바나나 1개(큰 것)
달걀 1개
코코넛오일 4큰술
꿀 1큰술
바닐라 추출물 ½작은술
아몬드우유 30㎖
절반은 으깨고, 절반은 으깨지 않은 블루베리 100g
스펠트 밀가루 120g
고운 소금 1꼬집
베이킹소다 ½작은술
치아시드 1큰술

01 오븐을 180℃로 예열한다. 머핀팬에 머핀컵 8개를 넣는다. 큰 볼에 바나나, 달걀, 코코넛오일, 꿀, 바닐라 추출물, 아몬드우유, 으깬 블루베리를 넣고 휘젓는다. 작은 볼에 으깨지 않은 블루베리를 넣고 스펠트 밀가루 1작은술을 뿌려 뒤적인다.

02 다른 볼을 준비해 남은 스펠트 밀가루, 소금, 베이킹소다, 치아시드를 넣고 섞는다. 여기에 바나나 믹스를 넣고 천천히 저어준다. 그리고 밀가루를 뿌린 블루베리를 넣고 젓는다. 숟가락으로 반죽을 떠서 머핀 컵에 넣고 오븐에서 굽는다. 꼬챙이 등으로 찔러보고 반죽이 묻어나오지 않으면 익은 것이다. 식힌 후 식탁에 낸다.

1인분당 영양 정보 열량 110kcals / 지방 8.3g / 탄수화물 19.2g / 단백질 3.4g

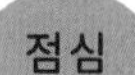

그린 요거트를 곁들인 연어

1인분 분량 / 준비시간 10분 / 조리시간 20분

- 올리브오일 1큰술
- 1cm 크기로 썬 애호박 1개
- 두껍게 썬 양송이버섯 70g
- 익힌 파로(곡물) 85g
- 껍질이 붙어있는 연어살 85g
- 어린 시금치 30g
- 잎만 떼서 따로 둔 허브 믹스 15g
- 세척한 케이퍼 ½작은술
- 엑스트라버진 올리브오일 1작은술
- 으깬 마늘 ½쪽
- 그릭요거트 또는 요거트(114쪽) 2큰술
- 껍질 벗기고 잘게 다진 레몬 ½개 분량

01 프라이팬에 올리브오일 ½큰술을 두르고 달궈지면 애호박과 양송이버섯을 넣고 노르스름해질 때까지 볶는다. 파로를 넣고 섞은 후 한쪽에 둔다. 팬에 올리브오일 ½큰술을 두르고 달궈지면 연어 껍질이 아래로 향하게 놓고 8분간 익힌다. 연어를 뒤집고 3분간 더 익힌다. 다른 팬에 시금치를 넣고 숨이 죽을 때까지 익힌다.

02 믹서기에 익힌 시금치, 허브 믹스, 케이퍼, 마늘, 엑스트라버진 올리브오일을 넣고 걸쭉한 질감이 날 때까지 간다. 그릭요거트와 레몬을 넣고 간다. 그릇에 담고 연어와 파로 믹스를 함께 올린 후 마무리한다.

1인분당 영양 정보 열량 881kcals / 지방 48.8g / 탄수화물 49.7g / 단백질 65.8g

저녁

양념 병아리콩 구이볼

6~8인분 분량 / 준비시간 15분 / 조리시간 25분

아주 얇게 썬 적양파 ½개
올리브오일 3½큰술
삶은 병아리콩 200g
자타르 스파이스 2작은술
레몬제스트 1개 분량
살짝 푼 달걀 1개
병아리콩 가루 2큰술
참깨 1큰술
작은 크기로 썬 콜리플라워 봉우리 300g
펜넬씨 1작은술
닭 뼈 육수(78쪽) 300㎖
마타리 상추(콘샐러드) 40g
석류씨 40g

01 오븐을 180℃로 예열한다. 팬에 적양파와 올리브오일 1작은술을 넣고 양파가 부드러워질 때까지 볶는다. 믹서기에 볶은 양파, 병아리콩, 자타르 스파이스, 레몬제스트를 넣고 걸쭉한 질감이 될 때까지 간다. 달걀과 병아리콩 가루를 넣고 섞은 후 패티를 6~8개 정도 만든다. 올리브오일을 바르고 참깨를 뿌린 후 오븐에 넣고 20분간 굽는다.

02 올리브오일을 두른 팬에 콜리플라워 봉우리와 펜넬씨를 넣고 1분간 볶다가 치킨스톡을 붓는다. 한소끔 끓으면 10분간 뭉근하게 끓인다. 내용물을 믹서기에 넣고 부드러운 질감이 될 때까지 간다. 접시에 마타리 상추와 석류씨를 올린다. 콜리플라워 퓌레와 구운 볼을 함께 올려 마무리한다.

1인분당 영양 정보 열량 563kcals / 지방 34g / 탄수화물 48.9g / 단백질 20g

달콤한 블루베리 치아시드 머핀

양념 병아리콩 구이볼

그린 요거트를 곁들인 연어

WEEK 3_ 장보기 목록

과일 & 채소

- 자두 2개
- 배 1개
- 바나나 1개
- 오렌지 2개
- 레몬 2개
- 라임 2개
- 석류씨 60g
- 블루베리 210g
- 블랙베리 80g
- 라즈베리 140g
- 양파 1개
- 샬롯 1개
- 통마늘 1개(큰 것)
- 브로콜리 봉우리 100g
- 당근 ½개 + 5cm 조각
- 미니 당근 3개
- 땅콩호박 100g
- 콜리플라워 봉우리 80g + 200g
- 파스닙 1개
- 노란색 파프리카 1개
- 붉은색 파프리카 1개
- 고구마 2개(작은 것) + 80g
- 표고버섯 70g
- 버섯 믹스 100g
- 가지 100g
- 비트 1개
- 적양파 ¼개
- 적양배추 110g
- 라디치오 1통
- 통옥수수(자루에 붙어 있는 것) 1개(작은 것)
- 방울토마토 180g
- 대파 1 ½개
- 셀러리 스틱 1개
- 아보카도 1 ½개
- 베이비케일 60g + 케일 80g
- 햇양배추 큰 잎(2장) + 50g
- 시금치 80g + 어린 시금치 220g
- 물냉이 20g
- 쉬크린 상추 1개
- 붉은색 엔다이브 1개
- 오이 10cm
- 펜넬 ½개
- 신선한 생강 3cm
- 홍고추 1 ½개
- 새눈 고추 1개
- 풋고추 1개
- 커리잎(선택) 4장
- 레몬그라스 줄기 ½개
- 고수 35g
- 월계수잎 1장
- 타임 3개
- 파슬리 20g
- 민트 1개

신선 식품/달걀

- 페타 치즈 25g
- 파르메산 치즈 40g
- 리코타 치즈 30g
- 아몬드우유 520㎖
- 우유 140㎖
- 단단한 두부 50g
- 닭 뼈 육수(78쪽) 120㎖
- 채소 육수 1.15ℓ
- 고등어살 1개
- 대구살 240g
- 닭 넓적다리살 1개(뼈와 껍질이 있는 것)
- 생왕새우 50g
- 달걀 5개

그 외

- 녹두 버미첼리(면) 30g
- 메밀국수(소바) 50g
- 퀴노아 50g
- 메밀 알곡 50g
- 포리지 오트밀 75g
- 현미 150g
- 파로(곡물) 50g
- 으깬 프리카 60g
- 통보리(익힌 것) 80g
- 병아리콩 파스타 80g
- 헤이즐넛
- 생아몬드
- 아몬드 가루
- 피스타치오
- 호두
- 대마종자
- 아마씨
- 호박씨
- 참깨
- 붉은색 렌틸콩 50g
- 녹색 렌틸콩 30g
- 노란색 렌틸콩 60g
- 퓌렌틸콩 120g
- 병아리콩(삶은 것) 10g
- 통보리 120g
- 가람마살라
- 시나몬 가루
- 시나몬 스틱
- 강황 가루
- 커민 가루
- 커민씨
- 생강 가루
- 훈제 파프리카 가루
- 수막 가루(향신료)
- 올리브오일
- 코코넛오일 또는 기버터
- 참기름
- 미림
- 간장
- 피시소스
- 유기농 생꿀
- 하리사 페이스트
- 디종 머스터드
- 홀그레인 머스터드
- 미소된장
- 타히니소스
- 건포도
- 바닐라 꼬투리 + 바닐라 추출물
- 사과초모식초
- 석류시럽
- 빵가루 10g

WEEK 3_ 준비

세 번째 주를 시작하기 전에 미리 만들 수 있는 음식을 만들어보고, 장보기 목록에서 빠진 게 없는지 확인해보자.

기본

(보관기간이 길어서 미리 만들어 놓을 수 있는 음식)

- ☐ 아몬드 & 헤이즐넛 두카(106쪽)
- ☐ 홈메이드 그래놀라(108쪽)
- ☐ 홈메이드 요거트(114쪽)
- ☐ 구운 마늘 드레싱(94쪽)
- ☐ 치아시드를 첨가한 구운 시나몬 양념 퀴노아(101쪽)
- ☐ 황금 호두 & 해바라기씨 분태(104쪽)
- ☐ 아마씨 & 캐슈너트 분태(105쪽)
- ☐ 고대 곡물 무반죽 빵(111쪽)
- ☐ 슈퍼 씨앗빵(110쪽)

만들기

- ☐ 퓌렌틸콩(DAY 16, 194쪽)
- ☐ 메밀 알곡 밤새 불리기(DAY 18, 200쪽)
- ☐ 으깬 프리카 60g(DAY 18, 201쪽)

오븐에 굽기

- ☐ 붉은색 파프리카(DAY 18, 202쪽)
- ☐ 브로콜리와 콜리플라워 (DAY 16, 193쪽)
- ☐ 고구마(DAY 18, 201쪽)
- ☐ 콜리플라워 봉우리 (DAY 18, 202쪽)

WEEK 3 일정표

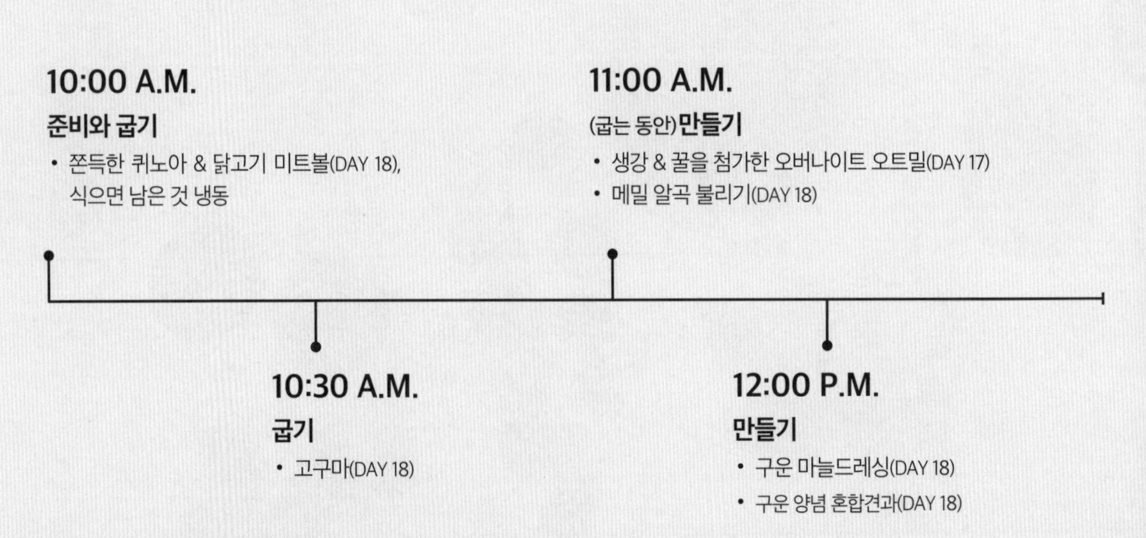

양념 사과를 넣은 미소된장 & 해초 육수 (80쪽)

1. 오븐을 150℃로 예열한다. 미소된장에 물 2큰술과 올리브오일을 넣고 섞는다. 베이킹트레이에 사과, 적양파, 마늘, 생강을 넣고 미소된장 섞은 물을 부은 후 코팅하듯 뒤적인다. 사과가 쪼그라들고 향긋한 향이 날 때까지 오븐에서 40~50분간 굽는다.

2. 큰 냄비에 강황과 흑통후추를 넣는다. 김을 넣고 물 2.5ℓ를 붓는다. 한소끔 끓으면 물이 반으로 줄어들 때까지 1시간 동안 뭉근하게 끓인다.

3. 식힌 다음 큰 볼을 아래에 받치고 체에 거른다. 물기가 남지 않을 정도로 꾹꾹 눌러준다.

4. 바로 사용하거나 살균한 유리용기에 담아 냉장고에 넣는다. 1주일 정도 보관할 수 있다.

DAY

15

WEEK 3

월요일

아몬드·헤이즐넛 두카를 미리 만들어 보관하면 오늘의 수프(점심)에 뿌릴 멋진 견과 토핑으로 쓸 수 있다.

아침

졸인 자두를 곁들인 요거트

1인분 분량 / 준비시간 5분 / 조리시간 15분

반으로 썰고 씨를 뺀 자두 2개
시나몬 스틱 ½개
바닐라 꼬투리 씨 ½개 분량
꿀 1작은술
요거트(114쪽) 250㎖
그래놀라(108쪽) 40g
아마씨 & 캐슈너트 분태(105쪽) 1큰술

01 작은 팬에 자두, 시나몬 스틱, 바닐라 꼬투리 씨, 꿀을 넣는다. 자두가 잠길 정도로 물을 붓고 자두가 완전히 물렁물렁해질 때까지 뭉근하게 끓인다.

02 자두를 빼고 다시 끓여 1~2큰술 정도만 남을 정도로 졸인다. 그릇에 요거트를 숟가락으로 떠서 담고 자두와 자두시럽을 올린다. 그 위에 아마씨·캐슈너트 분태를 뿌리고 그래놀라를 곁들여 낸다.

1인분당 영양 정보 열량 390kcals / 지방 19.2g / 탄수화물 44.8g / 단백질 12.8g

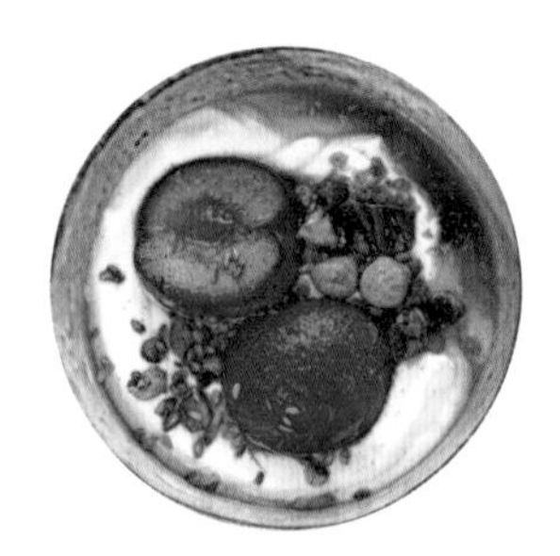

점심

8가지 채소 수프

2인분 분량 / 준비시간 10분 / 조리시간 30분

잘게 다진 양파 ½개
잘게 다진 셀러리 스틱 ½개
잘게 다진 당근 ½개
으깬 마늘 1쪽
올리브오일 1큰술
세척한 쪼개서 말린 붉은색 렌틸콩 50g
껍질을 벗기고 1cm 크기로 깍둑썰기한 땅콩호박 100g
줄기는 잘게 깍둑썰기하고, 봉우리는 작은 크기로 썬 콜리플라워 80g
1cm 크기로 깍둑썰기한 파스닙 1개
4등분한 방울토마토 100g
하리사 페이스트 2작은술
채소 육수 250㎖
레몬즙 ¼개 분량
대강 다진 베이비케일 60g
소금과 후추

---

01 올리브오일을 두른 팬에 양파, 셀러리 스틱, 당근, 마늘을 넣고 볶는다. 채소가 부드러워지면 붉은색 렌틸콩, 땅콩호박, 콜리플라워, 파스닙, 방울토마토, 하리사 페이스트, 채소 육수를 넣고 함께 끓인다. 렌틸콩과 채소가 부드러워질 때까지 뭉근하게 끓인다.

02 소금과 후추로 간을 하고 레몬즙을 첨가한다. 케일을 넣고 저은 후 마무리한다.

1인분당 영양 정보 열량 212kcals / 지방 9.2g / 탄수화물 59.6g / 단백질 6.3g

저녁

미소된장을 넣은 구운 채소

1인분 분량 / 준비시간 10 분 / 조리시간 40분

현미 50g
녹색 렌틸콩 30g
어린 시금치 60g
세로로 얇게 썬 미니 당근 3개
빗모양으로 썬 고구마 ½개(작은 것)
껍질을 벗기지 않은 마늘 2쪽
4등분한 비트 1개(작은 것)
빗모양으로 썬 적양파 ½개
녹인 코코넛오일 1큰술
시로미소된장 1큰술
미림 1작은술
잘게 간 생강 2cm 조각
아주 얇게 썬 대파 1개(토핑용)
잎만 떼서 따로 둔 고수 5g (토핑용)
빗모양으로 썬 라임 1개 (토핑용)

---

01 오븐을 200°C로 예열한다. 끓는 물에 현미를 넣고 10분간 익힌 후 녹색 렌틸콩을 넣고 20분간 뭉근하게 끓인다. 현미와 콩을 건진다.

02 오븐 팬에 코코넛오일을 두르고 시금치, 미니 당근, 고구마, 비트, 적양파를 넣고 부드러워질 때까지 오븐에서 25~30분간 굽는다. 오븐 팬을 꺼내 시로미소된장, 미림, 생강을 넣고 골고루 섞은 후 마늘을 으깨서 넣고 오븐에서 10분간 더 굽는다.

03 내용물을 접시에 담고 현미밥, 삶은 렌틸콩, 대파, 고수잎, 라임을 함께 올려 낸다.

1인분당 영양 정보 열량 405kcals / 지방 15.7g / 탄수화물 57g / 단백질 11.4g

졸인 자두를 곁들인 요거트

8가지 채소 수프

미소된장을 넣은 구운 채소

DAY

16

WEEK 3

화요일

고등어살(저녁)에는 건강한 오일이 꽉 차 있다. 구매한 날 바로 먹는 게 가장 신선하다.

아침

구운 씨앗을 뿌린 믹스베리 & 견과 파르페

1인분 분량 / 준비시간 5분 / 조리시간 5분

햄프시드 1작은술
치아시드를 첨가한 구운 시나몬 양념 퀴노아(101쪽) 1큰술
으깬 블루베리 70g
요거트(114쪽) 250㎖
라즈베리 70g
볶아서 대강 다진 헤이즐넛 30g

01 기름을 두르지 않은 팬에 햄프시드를 넣고 향이 날 때까지 2분간 볶는다. 식힌 후 양념 퀴노아를 넣고 섞어서 한쪽에 둔다.

02 요거트에 블루베리를 넣고 잘 저은 후 ⅓을 볼이나 유리용기에 넣는다. 라즈베리 35g과 헤이즐넛 15g을 올린다. 그리고 다시 요거트 ⅓을 넣고 그 위에 라즈베리 35g, 헤이즐넛 15g을 올린다. 요거트를 마지막으로 올린다. 한쪽에 두었던 양념 퀴노아를 뿌려 마무리한다.

1인분당 영양 정보 열량 510kcals / 지방 31.2g / 탄수화물 46.2g / 단백질 17.4g

점심

브로콜리 &
콜리플라워 샐러드

1인분 분량 / 준비시간 5분 / 조리시간 25분

파로(곡물) 50g
채소 육수 250㎖
월계수잎 1장
브로콜리와 콜리플라워 봉우리 각 100g씩
녹인 코코넛오일 1큰술
강황 가루 ½작은술
커민씨 1작은술
대강 다진 아몬드 10g
어린 시금치 60g
엑스트라버진 올리브오일 1큰술
사과초모식초 1작은술
디종 머스터드 ½작은술
피스타치오(선택) 10g
잘게 부순 페타 치즈(선택) 25g
소금과 후추

01 오븐을 200°C로 예열한다. 냄비에 채소 육수, 월계수잎, 파로를 넣고 부드러워질 때까지 익힌 후 건더기를 건진다. 오븐 팬에 브로콜리 봉우리, 콜리플라워 봉우리, 코코넛오일, 강황 가루, 커민씨를 넣고 뒤적인다. 소금과 후추로 간을 하고 오븐에서 15분간 굽다가 아몬드를 넣고 5분 더 굽는다.

02 내용물을 접시에 담고 시금치와 익힌 파로를 첨가한다. 볼에 엑스트라버진 올리브오일, 사과초모식초, 디종 머스터드를 넣고 휘저은 후 소금과 후추로 간을 하여 드레싱을 만든다. 파로 믹스 위에 머스터드 드레싱을 뿌리고 피스타치오(선택)와 페타 치즈(선택)를 올려 마무리한다.

1인분당 영양 정보 열량 622kcals / 지방 39.4g / 탄수화물 57.3g / 단백질 18.3g

저녁

배 & 석류 코울슬로를 곁들인 고등어

1인분 분량 / 준비시간 10분 / 조리시간 5분

아주 얇게 썬 잘 익은 배 1개
레몬 ½개
석류씨 60g
얇게 채 썬 적양배추 80g
아주 얇게 썬 셀러리 스틱 ½개
얇게 채 썬 붉은색 엔다이브 1개
헤이즐넛 10g
오렌지주스 2큰술
사과초모식초 1큰술
엑스트라버진 올리브오일 4작은술
홀그레인 머스터드 1작은술
고등어살 1개
삶은 후 다시 데운 퓌렌틸콩 120g
소금과 후추
잘게 부순 페타 치즈 15g(토핑용)

01 그릴을 예열한다. 볼에 배와 준비한 레몬의 반을 짜서 넣고 뒤적인 후 석류씨, 적양배추, 셀러리 스틱, 붉은색 엔다이브, 헤이즐넛을 넣고 섞어 코울슬로를 만든다. 다른 볼에 오렌지주스, 사과초모식초, 엑스트라버진 올리브오일 2작은술, 홀그레인 머스터드를 넣고 휘젓는다. 소금과 후추로 간을 하고 코울슬로에 뿌린다.

02 고등어살 위에 남은 레몬을 짜서 뿌리고 소금과 후추로 간을 한 후 그릴에서 2분간 앞뒤로 굽는다. 접시에 퓌렌틸콩을 올리고 엑스트라버진 올리브오일 2작은술 뿌린다. 코울슬로, 고등어, 페타 치즈를 함께 올려 낸다.

1인분당 영양 정보 열량 722kcals / 지방 29g / 탄수화물 78.2g / 단백질 42g

배 & 석류 코울슬로를 곁들인 고등어

구운 씨앗을 뿌린
믹스베리 & 견과 파르페

브로콜리 & 콜리플라워 샐러드

DAY
17

WEEK 3

수요일

귀리로 만든 오트밀은 냉장고에 전날 넣어두면 아침 식사 때 바로 꺼내 먹을 수 있다. 아침에 잊지 말고 귀리 섞은 물 ⅓을 다른 볼에 넣어두자. 19일 아침 식사용이다.

아침

생강과 꿀을 넣은 오버나이트 오트밀

1인분 분량 / 준비시간 5분 + 밤새 휴지 / 조리시간 5분

포리지 오트밀 75g
생강 가루 1꼬집
잘게 간 생강 2cm 조각
건포도 20g
아몬드우유 225㎖
호박씨 15g
꿀 1큰술

01 볼에 포리지 오트밀, 생강 가루, 생강, 건포도, 아몬드우유를 넣고 섞는다. 냉장고에 넣고 하룻밤 둔다.

02 아침에 오트밀 ⅓을 다른 볼에 옮겨 담고 입구를 덮은 후 냉장고에 넣어 19일 아침 식사로 쓴다.

03 볼에 담은 오트밀에 필요하면 아몬드우유를 더 첨가한다. 기름을 두르지 않은 팬을 중불에 올리고 호박씨를 넣은 후 몇 분간 볶는다. 오트밀 위에 꿀과 호박씨를 뿌려 마무리한다.

1인분당 영양 정보 열량 317kcals / 지방 7.3g / 탄수화물 14.8g / 단백질 8.1g

점심

물냉이를 곁들인 두부 스크램블

1인분 분량 / 준비시간 5분 / 조리시간 15분

올리브오일 1작은술
잘게 깍둑썰기한 양파 ½개
깍둑썰기한 애호박 40g
으깬 마늘 ½쪽
잘게 깍둑썰기한 홍고추 ½개
강황 가루 ½작은술
물기를 빼고 잘게 부순 단단한 두부 150g
엑스트라버진 올리브오일 1작은술
슈퍼 씨앗빵(110쪽) 2장 (먹기 직전에 구운 것)
세척한 물냉이 30g
가위로 잘게 자른 차이브 (선택) 5g
소금과 후추

01 팬에 올리브오일을 두르고 달궈지면 양파를 넣고 부드러워질 때까지 볶는다. 애호박, 마늘, 홍고추, 강황 가루를 넣고 2분간 더 조리한 후 두부를 넣고 불을 올려 물기를 날린다. 스크램블에그 형태가 될 때까지 자주 저어준다. 소금과 후추로 간을 한다.

02 물냉이에 엑스트라버진 올리브0오일을 뿌린다. 숟가락으로 두부 믹스를 슈퍼 씨앗빵에 올리고 차이브(선택)를 뿌린 후 물냉이를 곁들여 낸다.

1인분당 영양 정보 열량 412kcals / 지방 24.3g / 탄수화물 27.8g / 단백질 49.6g

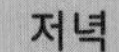

저녁

생선과 느타리버섯 국수

1인분 분량 / 준비시간 5분 / 조리시간 15분

잘게 다진 샬롯 1개(작은 것)
참기름 1작은술
줄기는 잘게 다지고 잎은 떼서 따로 둔 고수 5g
씨를 빼고 잘게 다진 홍고추 ½개
밀대로 두드린 레몬그라스 줄기 ½개
아주 얇게 썬 마늘 1쪽(작은 것)
성냥개비 모양으로 썬 생강 1cm 조각
닭 뼈 육수(78쪽) 300㎖
얇게 썬 느타리버섯 80g
껍질을 벗기고 2cm 크기로 썬 대구살 120g
녹두 버미첼리(면) 30g
아주 얇게 썬 대파 ½개
소금과 후추

---

01 참기름을 두른 팬에 샬롯을 넣고 부드러워질 때까지 볶다가 고수 줄기, 홍고추, 레몬그라스 줄기, 마늘, 생강을 넣고 향이 날 때까지 조리한다. 여기에 닭 뼈 육수와 느타리버섯을 넣고 끓인다. 한소끔 끓으면 5분간 뭉근하게 끓인다.

02 대구살과 녹두 버미첼리를 넣고 면이 부드러워지고 대구살이 자연스럽게 부스러질 때까지 익힌다. 레몬그라스는 건져내고 소금과 후추로 간을 한다. 고수잎과 대파를 뿌려 마무리한다.

1인분당 영양 정보 열량 384kcals / 지방 7.4g / 탄수화물 27.7g / 단백질 49.5g

생강과 꿀을 넣은
오버나이트 오트밀

생성과 느타리버섯 국수

물냉이를 곁들인
두부 스크램블

DAY

18

WEEK 3

목요일

저녁에 먹는 퀴노아와 닭고기 미트볼은 정성을 들인만큼 정말 맛있을 것이다.

아침

호두를 뿌린 바나나 메밀죽

1인분 분량 / 준비시간 5분 + 밤새 불림 / 조리시간 25분

물(300㎖)에 넣고 밤새 불린 후 물기를 뺀 메밀 알곡 50g
아몬드우유 250㎖
절반은 깍둑썰기하고, 절반은 아주 얇게 썬 바나나 1개
대강 다진 황금 호두 & 해바라기씨 분태(104쪽) 25g

01 중간 크기의 팬을 준비해 중불에 올린다. 메밀 알곡을 넣고 물이 증발하고 메밀에서 땅콩 냄새가 날 때까지 2~3분간 볶는다. 아몬드우유를 넣고 한소끔 끓으면 불을 줄이고 내용물이 부드러워지고 쫀득해질 때까지 15~20분간 뭉근하게 끓인다. 불에서 내려 깍둑썰기한 바나나에 넣고 젓는다.

02 볼에 내용물을 담고 호두·해바라기씨 분태와 얇게 썬 바나나를 올려 마무리한다.

1인분당 영양 정보 열량 373kcals / 지방 19.2g / 탄수화물 49.6g / 단백질 8g

점심

블루베리 샐러드

1인분 분량 / 준비시간 10분 / 조리시간 30분

2cm 크기로 깍둑썰기한 고구마 1개(작은 것)
코코넛오일 1작은술
삶아서 물기를 뺀 병아리콩 60g
으깬 프리카 60g
채소 육수 250㎖

블루베리 70g
껍질을 벗기고 씨를 뺀 후 깍둑썰기한 아보카도 ½개
구운 마늘 드레싱(94쪽) 2큰술
다진 구운 양념 혼합견과(102쪽) 20g

어린 시금치 80g
대강 다진 파슬리(선택) 5g
소금과 후추

01 오븐을 200°C로 예열한다. 오븐팬에 고구마를 올리고 코코넛오일, 소금, 후추를 뿌린 후 고구마가 부드러워지고 노르스름해질 때까지 오븐에서 굽는다. 병아리콩을 넣고 뒤적인 후 5분간 더 굽는다. 팬에 프리카를 넣고 1~2분간 볶는다. 채소 육수를 넣고 한소끔 끓으면 프리카가 부드러워질 때까지 뭉근하게 끓인다. 물은 버리고 뚜껑을 덮은 후 불에서 내리고 5분간 그대로 둔다.

02 고구마는 오븐에서 꺼내 식도록 5분간 둔다. 그릇에 구운 고구마, 익힌 프리카, 블루베리, 아보카도, 시금치, 구운 마늘 드레싱, 구운 양념 혼합견과, 파슬리를 담아 마무리한다.

1인분당 영양 정보 열량 923kcals / 지방 45.7g / 탄수화물 72.1g / 단백질 16.9g

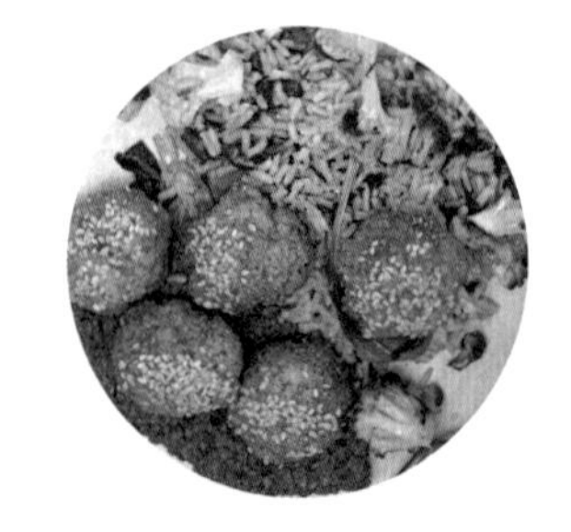

저녁

쫀득한 퀴노아와 닭고기 미트볼

1인분 분량 / 준비시간 15분 / 조리시간 35분

시금치 80g
다진 닭 넓적다리살(뼈와 껍질 X) 1개
훈제 파프리카 가루 ½작은술
닭 뼈 육수(120㎖)에서 익힌 퀴노아 50g
콜리플라워 봉우리 100g
올리브오일 3작은술
참깨 1작은술
현미밥 50g

석류 드레싱
구운 붉은색 파프리카 1개, 호두 20g, 으깬 마늘 ½ 쪽, 올리브오일 1작은술, 빵가루 10g, 수막가루 ½ 작은술, 레몬제스트 ½ 작은술, 석류시럽 1작은술

01 오븐을 180℃로 예열한다. 기름을 두르지 않은 팬에 시금치를 넣고 2분간 볶은 후 한쪽에 둔다. 푸드프로세서에 닭 넓적다리살과 훈제 파프리카 가루를 넣고 간 다음 볼에 담고, 퀴노아를 넣은 후 호두 크기 정도로 동그랗게 빚는다. 닭고기 미트볼에 올리브오일 1작은술을 바르고 참깨를 뿌려서 베이킹트레이에 올린다. 콜리플라워 봉우리에 올리브오일 1작은술을 넣고 뒤적인 후 베이킹트레이에 올린다. 오븐에 넣고 20분간 굽는다.

02 믹서기에 구운 붉은색 파프리카, 호두, 으깬 마늘, 올리브오일, 빵가루, 수막 가루, 레몬제스트, 석류시럽을 넣고 부드러운 질감이 될 때까지 간다. 닭고기 미트볼, 콜리플라워, 볶은 시금치, 석류 드레싱을 현미밥에 곁들여 낸다.

1인분당 영양 정보 열량 907kcals / 지방 56g / 탄수화물 67g / 단백질 43.9g

호두를 뿌린 바나나 메밀죽

쫀득한 퀴노아와 닭고기 미트볼

블루베리 샐러드

DAY

19

WEEK 3

금요일

맛있는 점심, 양배추 쌈은 도시락용으로도 좋다. 만약 카레 요리를 색다르게 즐기고 싶다면 고추와 다른 향신료를 추가할 때 신선한 커리잎 4장을 함께 넣어보자.

아침

오트밀 팬케이크

1인분 분량 / 준비시간 5분 / 조리시간 10분

블랙베리 80g
꿀 1작은술
레몬제스트와 레몬즙 ½개 분량
Day 17 아침 밤새 불린 오트밀 60g
아몬드우유 2~3큰술
살짝 푼 달걀 1개
시나몬 가루 1꼬집
코코넛오일 ½작은술
민트 1개

01 팬에 블랙베리, 꿀, 레몬즙, 레몬제스트를 넣고 익힌다. 뭉근하게 끓이며 잼처럼 끈적해질 때까지 한 번씩 저어주며 조리한다. 살짝 식도록 한쪽에 둔다. 오트밀에 아몬드우유를 소량 넣고 섞는다. 달걀과 시나몬 가루를 첨가하고 골고루 저어서 반죽을 만든다.

02 커다란 팬에 코코넛오일을 두르고 달군다. 반죽을 1큰술씩 넣어 가며 3~4분간 익힌다. 중간에 뒤집어 준다. 접시에 팬케이크를 올리고 숟가락으로 한쪽에 두었던 블랙베리시럽과 민트를 올려 마무리한다.

1인분당 영양 정보 열량 363kcals / 지방 9.6g / 탄수화물 24.2g / 단백질 9.4g

점심

양배추 쌈

1인분 분량 / 준비시간 20분 / 조리시간 1분

삶아서 물기를 뺀 병아리콩 50g
레몬주스 1작은술
타히니소스 1작은술
으깬 마늘 1쪽
얇게 썬 새눈 고추 1개
피시소스 1큰술
라임주스 1큰술
꿀 1작은술
햇양배추잎 큰 거 2장
씨 부분을 제거하고 가늘고 길게 썬 오이 5cm 조각
가늘고 길게 썬 당근 5cm 조각
아주 얇게 썬 적양배추 30g
껍질을 벗기고 씨를 제거한 후 깍둑썰기한 아보카도 ½개
아주 얇게 썬 노란색 파프리카 ½개
렌틸콩 새싹과 녹두 새싹 1큰술
소금과 후추

01 믹서기에 병아리콩, 레몬주스, 타히니소스, 물 1~2작은술을 넣고 걸쭉한 질감이 날 때까지 간다. 내용물을 꺼내 소금과 후추로 간을 해서 후무스를 만든다. 작은 볼에 마늘, 새눈 고추, 피시소스, 라임주스, 꿀을 넣고 휘저어 소스를 만든 후 한쪽에 둔다.

02 끓는 물에 양배추잎을 넣고 15초간 데친다. 건져서 헹군 후 펼쳐놓는다. 양배추잎 중간에 후무스를 펴 바른다. 오이, 당근, 적양배추, 아보카도, 노란색 파프리카, 렌틸콩 새싹과 녹두 새싹을 올리고 동그랗게 만다. 만들어두었던 소스를 곁들여 낸다.

1인분당 영양 정보 열량 222kcals / 지방 4.9g / 탄수화물 39.9g / 단백질 1.1g

저녁

고구마와 가지를 넣은 콩 카레

1인분 분량 / 준비시간 5분 / 조리시간 40분

노란색 렌틸콩 60g
강황 가루 ½작은술
2cm 크기로 썬 가지 ½개
1cm 크기로 썬 고구마 80g
기버터 또는 코코넛오일 1큰술
가람마살라 2작은술
커민씨 1작은술
아주 얇게 썬 마늘 1쪽
성냥개비 모양으로 썬 생강 1cm 조각
씨를 빼고 아주 얇게 썬 풋고추 ½개
현미밥 50g
대강 다진 고수 5g
소금과 후추

01 오븐을 200℃로 예열한다. 냄비에 물 300㎖, 노란색 렌틸콩, 강황 가루를 넣고 콩이 부드러워질 때까지 뭉근하게 끓인다. 베이킹시트에 가지, 고구마, 기버터 ½큰술, 가람마살라를 넣고 뒤적인다. 소금과 후추로 간을 하고 채소가 부드러워질 때까지 오븐에서 25분간 굽는다. 중간에 저어준다.

02 팬에 기버터 ½큰술을 녹여 커민씨, 마늘, 생강, 풋고추를 넣고 향이 날 때까지 볶다가 삶은 완두콩과 오븐에서 구운 채소를 넣고 골고루 섞는다. 소금과 후추로 간을 한다. 그릇에 담고 현미밥을 올린 후 고수를 뿌려 마무리한다.

1인분당 영양 정보 열량 537kcals / 지방 15.9g / 탄수화물 100.7g / 단백질 20.2g

오트밀 팬케이크

고구마와 가지를 넣은 콩 카레

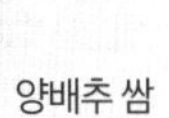

양배추 쌈

DAY

20

WEEK 3

토요일

오늘의 아침은 전날에 재료를 불려둬야 오븐에 구웠을 때 맛있는 커스터드가 완성되는 음식이다. 고대 곡물빵이 없다면 사워도우를 사용해도 무방하다.

아침

시나몬을 뿌린 믹스베리 프렌치토스트

2인분 분량 / 준비시간 5분 + 밤새 휴지 / 조리시간 25분

기름칠용 기름
잘게 깍둑썰기한 고대 곡물 무반죽 빵(111쪽) 100g
블루베리 70g
라즈베리 70g
달걀 2개
우유 140㎖
시나몬 가루 ½작은술
바닐라 추출물 ¼작은술
꿀 1 ½작은술
소금 1꼬집
요거트(114쪽) 2큰술

01 15×10cm 크기 오븐용 접시에 기름을 바르고 고대 곡물 무반죽 빵, 블루베리 35g, 라즈베리 35g을 넣어둔다. 볼에 달걀, 우유, 시나몬 가루, 바닐라 추출물, 꿀 ½작은술, 소금을 넣고 휘젓는다. 내용물을 오븐용 접시 위에 붓고 냉장고에 넣어 하룻밤 불린다.

02 아침에 오븐을 180°C로 예열한다. 냉장고에 넣어두었던 재료를 꺼내 블루베리 35g과 라즈베리 35g을 올리고 커스터드가 만들어질 때까지 오븐에서 20~25분간 굽는다. 꿀 1작은술을 뿌리고 요거트를 조금 올려 식탁에 낸다.

1인분당 영양 정보 열량 487kcals / 지방 13.8g / 탄수화물 70.3g / 단백질 19.8g

점심

미소된장 버섯 병아리콩 파스타

1인분 분량 / 준비시간 5분 / 조리시간 15분

병아리콩 파스타 80g
올리브오일 ½큰술
한입 크기로 썬 버섯(시메지버섯, 느타리버섯, 표고버섯 등) 100g
아주 얇게 썬 마늘 1쪽
잎을 제거한 타임 3개
미소된장 1큰술
대강 다진 케일 80g
볶아서 대강 다진 헤이즐넛 20g
잘게 간 파르메산 치즈(선택) 20g
소금과 후추

01 물에 소금을 넣고 한소끔 끓으면 병아리콩 파스타를 넣고 알덴테로 익힌다. 면을 건지고 파스타 삶은 물은 약간 남겨둔다.

02 다른 팬을 준비해 강불에 놓고 올리브오일을 두른다. 버섯을 넣고 노르스름해질 때까지 볶는다. 마늘과 타임을 넣고 1분간 익힌 후 미소된장과 파스타 끓였던 물을 큰 국자로 한가득 떠서 넣고 나무 숟가락으로 미소된장을 녹인다. 1분간 보글보글 끓인다. 파스타와 케일을 넣고 소스가 걸쭉해질 때까지 조리한다. 헤이즐넛, 파르메산 치즈(선택), 후추를 뿌려 마무리한다. 식탁에 낸다.

1인분당 영양 정보 열량 638kcals / 지방 31.8g / 탄수화물 64.8g / 단백질 40.1g

저녁

아몬드를 넣은 바삭바삭한 생선 타코

1인분 분량 / 준비시간 20분 / 조리시간 20분

엑스트라버진 올리브오일 2큰술
라임즙 1개 분량
훈제 파프리카 가루와
  커민 가루 각 1꼬집씩
길고 가는 형태로 썬 대구 120g
대강 다진 방울토마토 80g
잘게 다진 적양파 ¼개
씨를 빼고 잘게 다진 풋고추 ½개
잘게 다진 고수 5g
아몬드 가루 40g
토르티야(112쪽) 2장
소금과 후추
스위트콘 2큰술
껍질을 벗기고 씨를 뺀 후
  다진 아보카도 ½개
채 썬 쉬크린 상추 1개
빗모양으로 썬 라임 1개

01 오븐을 180℃로 예열한다. 볼에 엑스트라버진 올리브오일 1큰술, 라임즙 ½개 분량, 훈제 파프리카 가루, 커민 가루, 소금, 후추를 넣고 휘젓는다. 대구를 양념에 넣고 20분간 재워둔다. 다른 볼에 방울토마토, 적양파, 풋고추, 고수, 남은 라임즙 ½개, 엑스트라버진 올리브오일 1큰술을 넣고 살사소스를 만든다.

02 오븐용 접시에 아몬드 가루, 소금, 후추를 넣고 섞는다. 대구를 넣고 뒤적인 후 생선 껍질이 바삭해질 때까지 오븐에서 굽는다. 숟가락으로 살사소스를 반 정도 떠서 토르티야에 올리고 구운 대구, 스위트콘, 아보카도, 쉬크린 상추, 썰어놓은 라임을 올려 마무리한다.

1인분당 영양 정보 열량 1217kcals / 지방 77.5g / 탄수화물 79.8g / 단백질 55.1g

시나몬은 뿌린 믹스베리
프렌치토스트

미소된장 버섯 병아리콩 파스타

아몬드를 넣은
바삭바삭한 생선 타코

DAY

21

WEEK 3

일요일

황금 호두·해바라기씨 분태는 다채로운 색상의 샐러드에 영양과 바삭한 맛을 더해줄 것이다.

아침

그린 리코타 오믈렛

1인분 분량 / 준비시간 10분 / 조리시간 15분

달걀 2개
잎만 떼서 다진 허브 믹스 30g
올리브오일 1작은술
리코타 치즈 30g
잘게 간 파르메산 치즈 20g
아마씨 가루 1큰술
물냉이 20g
어린 시금치 20g
호박씨 15g
소금과 후추

01 그릴을 높은 온도로 예열한다. 볼에 달걀을 깨서 넣고 허브 믹스, 소금, 후추도 넣는다. 팬에 올리브오일을 두르고 달궈지면 달걀을 넣는다. 6~8분간 익힌 후 종이 포일을 깐 베이킹트레이에 붓는다.

02 볼에 리코타 치즈, 파르메산 치즈 10g, 소금, 후추, 아마씨 가루를 넣고 섞는다. 숟가락으로 치즈 믹스를 떠서 계란 중간에 올린다. 물냉이와 시금치를 넣고 계란 가장자리가 겹치는 부분이 아래로 오게 해서 오믈렛을 만든다. 파르메산 치즈 10g을 위에 뿌리고 그릴에서 3분간 굽는다. 호박씨를 뿌려 마무리한다.

1인분당 영양 정보 열량 423kcals / 지방 28.3g / 탄수화물 17.5g / 단백질 26.1g

점심

오렌지를 넣은 비트 & 펜넬 샐러드

1인분 분량 / 준비시간 10분

잎을 한입 크기로 찢은 라디치오 ½통
세로로 반을 썰고 아주 얇게 썬 오이 5cm 조각
아주 얇게 썬 펜넬 ½개
대강 다진 익힌 비트 1개(작은 것)
대강 다진 파슬리 5g
절반은 껍질을 벗긴 후 초승달 모양으로 썰고, 나머지 절반은 즙을 짠 오렌지 1개
익힌 통보리 80g
꿀 1작은술
엑스트라버진 올리브오일 1큰술
사과초모식초 1작은술
대강 다진 황금 호두 & 해바라기씨 분태(104쪽) 20g
소금과 후추

01 볼에 라디치오, 오이, 펜넬, 비트, 썰어놓은 오렌지, 파슬리, 통보리를 넣고 뒤적인다.

02 다른 볼에 꿀, 오렌지즙, 엑스트라버진 올리브오일, 사과초모식초를 넣고 휘젓는다. 소금과 후추로 간을 하고 샐러드 위에 뿌린다. 황금 호두·해바라기씨 분태를 올려 마무리한다.

1인분당 영양 정보 열량 535kcals / 지방 28.1g / 탄수화물 71.5g / 단백질 10.5g

저녁

새우와 두부를 넣은 표고버섯 메밀국수

1인분 분량 / 준비시간 5분 / 조리시간 10분

메밀국수(소바) 50g
묽은 채소 육수 400㎖
얇게 썬 표고버섯 70g
얇게 썬 마늘 1쪽
햇양배추 50g
간장 1작은술
껍질을 까고 내장을 뺀 생새우 50g
따뜻한 물 1큰술에 푼 시로미소된장 1큰술
물기를 완전히 빼고 깍둑썰기한 단단한 두부 50g
참기름 1작은술
잎만 떼서 따로 둔 고수 5g
씨를 빼고 아주 얇게 썬 홍고추 ½개(맵지 않은 것)
소금과 후추

01 끓는 물에 메밀국수를 넣고 2분간 삶는다. 면을 건진다. 채소 육수를 한소끔 끓인 후 표고버섯과 마늘을 넣고 4분간 뭉근하게 끓인다. 양배추와 생새우를 넣고 2분간 더 뭉근하게 끓인다. 여기에 시로미소된장을 넣고 젓는다.

02 불에서 내려 메밀국수, 간장, 두부를 넣고 소금과 후추로 간을 한다. 참기름을 뿌리고 고수잎과 홍고추를 올려 마무리한다.

1인분당 영양 정보 열량 302kcals / 지방 10.2g / 탄수화물 31.2g / 단백질 24.9g

새우와 두부를 넣은
표고버섯 메밀국수

오렌지를 넣은 비트 & 펜넬 샐러드

그린 리코타 오믈렛

WEEK 4_ 장보기 목록

과일 & 채소

- [ ] 바나나 2개
- [ ] 블루베리(생 또는 냉동) 250g
- [ ] 블랙베리(생) 30g
- [ ] 딸기 6개
- [ ] 라임 4개
- [ ] 라즈베리(생 또는 냉동) 180g
- [ ] 천도복숭아 1개
- [ ] 믹스베리 1줌
- [ ] 레몬 4개
- [ ] 석류씨 1큰술
- [ ] 감귤 1개
- [ ] 자몽 1개
- [ ] 오렌지 2개
- [ ] 오이 ¼개
- [ ] 적양파 1개
- [ ] 노란색 양파 1개
- [ ] 서양대파 1개
- [ ] 대파 4 ½개
- [ ] 바나나 샬롯 1개
- [ ] 통마늘 2쪽
- [ ] 생강 7cm
- [ ] 브로콜리니 160g
- [ ] 흰양배추 30g
- [ ] 케일 40g
- [ ] 콜리플라워 1개
- [ ] 연한 시금치잎 1줌
- [ ] 방울다다기양배추 100g
- [ ] 당근 2개(작은 것)
- [ ] 아스파라거스 5개
- [ ] 애호박 1개(작은 것)
- [ ] 붉은색 파프리카 1개
- [ ] 아보카도 1개
- [ ] 비트 1개(큰 것)
- [ ] 방울토마토 50g + 5개
- [ ] 물냉이 1줌
- [ ] 쉬크린 상추 1 ½개
- [ ] 셀러리 스틱 2개
- [ ] 펜넬 1개(작은 것)
- [ ] 표고버섯 5개
- [ ] 양송이버섯 50g
- [ ] 민트잎 45g
- [ ] 타임 1개
- [ ] 파슬리잎 90g
- [ ] 커리잎 6장
- [ ] 고수 1큰술, 다진 것
- [ ] 오레가노잎 20g
- [ ] 차이브 30g
- [ ] 바질 1큰술
- [ ] 홍고추 1개
- [ ] 새싹(선택) 3큰술, 가위로 싹둑 자른 것

신선 식품/달걀

- [ ] 우유(식물 또는 동물성) 80㎖ + 15㎖
- [ ] 페타 치즈 30g
- [ ] 코코넛요거트 50㎖
- [ ] 리코타 치즈 90g
- [ ] 파르메산 치즈 15g
- [ ] 버터 20g
- [ ] 닭 넓적다리살 2개(뼈가 있는 것)
- [ ] 연어살 1개
- [ ] 아몬드우유 250㎖
- [ ] 닭가슴살 2개
- [ ] 농어살 1개
- [ ] 정어리살 2개
- [ ] 김치 200g
- [ ] 템페 140g
- [ ] 완두콩(냉동) 40g
- [ ] 바나나(냉동) 1개
- [ ] 믹스베리(냉동) 50g
- [ ] 풋콩(냉동) 40g
- [ ] 달걀 2개(큰 것) + 2개(중간 것)

그 외

- [ ] 기름에 담긴 정어리 통조림(좋은 품질) 1개(80~85g)
- [ ] 기름에 담긴 안초비살 2개
- [ ] 통밀 파스타 50g
- [ ] 천사채 또는 쌀국수 80g
- [ ] 카마르그 붉은 현미와 와일드라이스 60g
- [ ] 파로(곡물, 익힌 것) 30g
- [ ] 벌거 밀 30g
- [ ] 으깬 프리카(익힌 것) 50g
- [ ] 마카다미아
- [ ] 캐슈너트
- [ ] 아몬드 플레이크
- [ ] 치아시드
- [ ] 코코넛밀크 통조림 200g
- [ ] 혼합콩 통조림 400g
- [ ] 다진 토마토 통조림 400g
- [ ] 병아리콩(삶은 것) 45g
- [ ] 퓌렌틸콩 30g
- [ ] 퀴노아(익힌 것) 50g
- [ ] 버터빈(익힌 것) 120g
- [ ] 스틸컷 귀리 50g
- [ ] 커민씨
- [ ] 커민 가루
- [ ] 강황 가루
- [ ] 흑겨자씨
- [ ] 볶은 참깨
- [ ] 고수씨
- [ ] 시나몬 가루
- [ ] 펜넬씨
- [ ] 매운 카레 가루
- [ ] 카다몸 가루
- [ ] 칠리 플레이크
- [ ] 기버터 또는 코코넛오일
- [ ] 엑스트라버진 올리브오일
- [ ] 포도씨유
- [ ] 참기름
- [ ] 타히니소스
- [ ] 메이플시럽
- [ ] 레드와인식초
- [ ] 미소된장
- [ ] 시로미소된장
- [ ] 묽은 꿀
- [ ] 타마리 간장
- [ ] 미림
- [ ] 코코넛 플레이크 45g
- [ ] 메드줄 대추야자
- [ ] 아몬드버터 85g
- [ ] 말린 홍고추
- [ ] 아사이베리 가루
- [ ] 호밀빵

WEEK 4_ 준비

네 번째 시작하기 전에 미리 만들 수 있는 음식을 만들어보고, 장보기 목록에서 빠진 게 없는지 확인해보자.

기본

(보관기간이 길어서 미리 만들어 놓을 수 있는 음식)

- [ ] 닭 채소 & 다시마 육수(79쪽)
- [ ] 닭 뼈 육수(78쪽)
- [ ] 홈메이드 요거트(114쪽)
- [ ] 홈메이드 그래놀라(108쪽)
- [ ] 미소된장 석류 드레싱(96쪽)
- [ ] 타임을 넣은 구운 아몬드(100쪽)
- [ ] 씨앗 크래커(259쪽)
- [ ] 아마씨 & 캐슈너트 분태(105쪽)
- [ ] 구운 마늘 드레싱(94쪽)
- [ ] 아몬드 & 헤이즐넛 두카(106쪽)
- [ ] 치아시드를 첨가한 구운 시나몬 양념 퀴노아(101쪽)
- [ ] 양념을 넣어 구운 혼합견과(102쪽)
- [ ] 슈퍼 씨앗빵(110쪽)
- [ ] 고대 곡물 무반죽 빵(111쪽)
- [ ] 비트 & 사과 사워크라우트(83쪽)
- [ ] 김치(82쪽)
- [ ] 강황 & 레몬 요거트 드레싱(95쪽)
- [ ] 강황 양파 피클(88쪽)

만들기

- [ ] 퀴노아 50g(DAY 22, 221쪽)
- [ ] 파로 30g(DAY 23, 226쪽)
- [ ] 메밀 낟알(DAY 23, 226쪽)
- [ ] 으깬 프리카(DAY 24, 229)
- [ ] 리마콩(DAY 24, 230)

오븐에 굽기

- [ ] 큰 비트(DAY 22, 222쪽)

WEEK 4 일정표

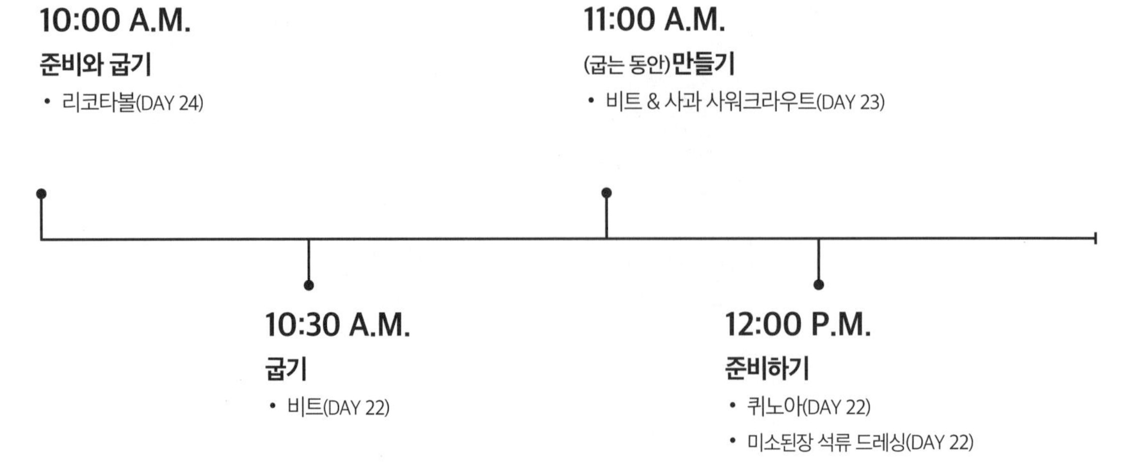

김치 담기(82쪽 참고)

1. 배추를 4등분하고 잎이 떨어지지 않을 정도로만 심을 썰어 낸다. 볼에 담고 천일염으로 잎 사이사이 문질러준다. 상온에 2시간 두거나 배추를 접었을 때 꺾이지 않으면 된다.

2. 무, 배, 양파, 생강, 마늘을 넣은 푸드프로세서에 고춧가루와 액젓을 넣고 부드러운 질감이 될 때까지 간다.

3. 배추 소금기를 씻어내고 물기를 제거한다. 잎 전체에 양념과 파를 골고루 펴 바른다.

4. 살균한 2ℓ 보관용기에 빈틈없이 꾹꾹 눌러 담고 뚜껑은 살짝 열어놓는다. 상온의 어두운 곳에 일주일 정도 둔다. 냉장고에 보관한다.

WEEK 4

월요일

전날 밤에 점심과 저녁 식사용 비트와 곡물을 익혀놓자. 아마씨·캐슈너트 분태를 카레 위에 1큰술 뿌리면 바삭함도 즐길 수 있다.

아침

블루베리와 바나나 그래놀라

1인분 분량 / 준비시간 5분

동물성 또는 식물성 우유 80㎖	그래놀라(108쪽) 2큰술	바나나 2개
생 또는 냉동 블루베리 250g	코코넛 플레이크 1큰술	치아시드 2큰술

01 믹서기에 바나나 1 ½개, 치아시드, 우유를 넣고 간다. 생블루베리(선택)를 준비했다면 몇 개는 남겨두고 나머지를 믹서기에 넣고 부드러운 질감이 될 때까지 더 간다.

02 볼에 내용물을 담고 바나나 ½개, 남겨두었던 블루베리, 코코넛 플레이크를 올리고 그래놀라를 곁들여 낸다.

1인분당 영양 정보 열량 570kcals / 지방 15g / 탄수화물 122.1g / 단백질 12.5g

점심

딸기와 페타 치즈 퀴노아

1인분 분량 / 준비시간 15분

익힌 퀴노아 50g
잘게 깍둑썰기한 딸기 6개
잘게 깍둑썰기한 오이 ¼개
잘게 깍둑썰기한 적양파 ¼개
잘게 부순 페타 치즈 30g
다진 민트와 파슬리 1줌
타임을 넣은 구운 아몬드(100쪽) 1큰술
얇게 썬 아보카도 ½개
미소된장 석류(96쪽) 2큰술
가위로 싹둑 자른 알팔파 같은 새싹(선택) 1큰술
소금과 후추
씨앗 크래커(259쪽) 1개 (곁들임 용)

01 볼에 퀴노아, 딸기, 오이, 적양파, 페타 치즈, 민트, 파슬리, 소금, 후추를 넣는다.

02 그릇에 내용물을 담고 미소된장 석류 드레싱을 뿌려 가볍게 저어준다. 아보카도, 타임·구운 아몬드, 새싹(선택)을 올린다. 씨앗 크래커를 곁들여 낸다.

1인분당 영양 정보 열량 691kcals / 지방 52.5g / 탄수화물 46g / 단백질 17g

저녁

와일드라이스를 넣은 비트 카레

1인분 분량 / 준비시간 5분 / 조리시간 50분

와일드라이스 60g
기버터 또는 코코넛오일 1큰술
커리잎 6장
고수씨 ½작은술
아주 얇게 썬 생강 3cm 조각
아주 얇게 썬 마늘 2쪽
흑겨자씨 ½작은술
매운 카레 가루 1꼬집
방울토마토 50g
코코넛밀크 통조림 ½개
오븐에 구워 빗모양으로 썬 비트 1개
라임즙 ½개 분량

01 냄비에 물과 와일드라이스를 넣고 45분간 익힌다. 팬에 기버터 ½큰술을 녹여 커리잎 3장, 고수씨, 생강 반, 마늘 1쪽을 넣고 1분간 볶는다. 내용물을 키친타월에 올려둔다.

02 팬에 커리잎 3장, 흑겨자씨, 카레 가루를 기버터 ½큰술에 넣고 볶다가 마늘 1쪽과 생강 반을 넣고 1분간 더 볶는다. 여기에 방울토마토와 물 1작은술을 넣고 3분간 익힌다. 비트, 코코넛밀크, 라임즙을 넣고 5분간 더 익힌다. 그릇에 담고 익힌 와일드라이스와 키친타월에 올려두었던 커리잎 믹스를 함께 넣어 마무리한다.

1인분당 영양 정보 열량 637kcals / 지방 75.7g / 탄수화물 33.2g / 단백질 9.1g

와일드라이스를 넣은 비트 카레

딸기와 페타 치즈 퀴노아

블루베리와 바나나 그래놀라

DAY 23

WEEK 4

화요일

정어리는 오메가-3가 풍부한 생선이다. 닭고기 꼬치에 양념을 넣어 구운 혼합견과를 곁들여 부족한 영양소를 채워보자.

아침

라즈베리와 천도복숭아를 올린 아사이베리 스무디

1인분 분량 / 준비시간 5분 / 조리시간

씨를 뺀 천도복숭아 1개
아사이베리 가루 1작은술
생 또는 냉동 라즈베리 180g
요거트(114쪽) 1큰술
아마씨 & 캐슈너트 분태(105쪽) 또는 그래놀라(108쪽) 1큰술
냉동 바나나 1개
라임즙 ½개 분량
믹스베리 1줌

01 믹서기에 바나나, 아사이베리 가루, 라즈베리, 천도복숭아 ½개, 라임즙, 물 1큰술을 넣고 부드러운 질감이 될 때까지 간다.

02 그릇에 내용물을 담은 후 얇게 썬 천도복숭아 ½개, 믹스베리, 요거트, 아마씨·캐슈너트 분태를 올려 마무리한다.

1인분당 영양 정보 열량 347kcals / 지방 9.4g / 탄수화물 65.4g / 단백질 7.6g

점심

정어리를 올린 호밀 마늘 토스트

1인분 분량 / 준비시간 5분

호밀빵 1장
반으로 썬 마늘(76쪽 마늘 피클이 있다면 사용) 1쪽
엑스트라버진 올리브오일 1작은술
방울토마토 5개 또는 얇게 썬 잘 익은 토마토 1개
신선한 오레가노잎 1작은술
나비꼴로 갈라서 조리된 정어리살 2개
잘게 다진 이탈리아 파슬리 1큰술
레몬즙 ½개 분량
레몬제스트 1작은술
얇게 썬 홍고추 ½개
물냉이(토핑용) 1줌
곁들임용 비트 & 사과 사워크라우트(83쪽) 1큰술(선택)

01 호밀빵을 무쇠팬이나 토스터에 넣고 굽는다. 마늘은 향이 듬뿍 배도록 단면 쪽을 아래로 해서 뜨거운 빵 위에 골고루 문지른 후 엑스트라버진 올리브오일을 살짝 뿌린다.

02 방울토마토를 올리고 그 위에 정어리살을 올린다. 오레가노잎, 이탈리아 파슬리, 레몬즙, 레몬제스트, 홍고추를 올린다. 취향에 따라 물냉이와 비트·사과 사워크라우트를 곁들여 낸다.

1인분당 영양 정보 열량 1099kcals / 지방 62g / 탄수화물 24.6g / 단백질 105.1g

저녁

메밀을 곁들인 강황 양념 닭꼬치

1인분 분량 / 준비시간 10분 / 조리시간 20분

뼈를 바르고 큰 조각으로 썬 닭 넓적다리살 2개
엑스트라버진 올리브오일 1큰술
커민 가루와 강황 가루 각 ½작은술씩
레몬즙 ½개 분량
익힌 메밀 알곡 30g
익힌 파로(곡물) 30g
씨를 빼고 다진 메드줄 대추야자 1~2개
잘게 다진 적양파 ⅓개
다진 이탈리아 파슬리 1큰술
석류씨 1큰술
소금과 후추
타히니 드레싱(타히니소스 2큰술과 레몬주스 1½큰술)

01 볼에 엑스트라버진 올리브오일 ½큰술, 커민 가루 반, 강황 가루, 레몬즙을 넣고 닭 넓적다리살과 섞는다. 소금과 후추로 간을 하고 5~10분간 둔다. 다른 볼에 메밀 알곡, 파로, 메드줄 대추야자, 적양파, 이탈리아 파슬리를 넣는다. 작은 볼에 타히니 드레싱과 물 60㎖를 넣고 휘젓는다.

02 메밀 믹스가 들어 있는 볼에 드레싱 2큰술, 엑스트라버진 올리브오일 ½큰술, 남은 커민 가루를 넣고 함께 젓는다. 꼬치 2개에 닭고기 조각을 끼워 그릴에 넣고 익을 때까지 굽는다. 접시에 옮겨 담고 메밀 믹스, 석류씨, 타히니 드레싱을 함께 올려 낸다.

1인분당 영양 정보 열량 1105kcals / 지방 67.7g / 탄수화물 66.1g / 단백질 73.5g

메밀을 곁들인
강황 양념 닭꼬치

라즈베리와 천도복숭아를 올린
아사이베리 스무디

정어리를 올린
호밀 마늘 토스트

DAY 24

WEEK 4

수요일

프리카는 맛있고 소화도 잘되어 면역 건강을 지켜주는 곡물이다. 점심용 리코타볼에 아몬드·헤이즐넛 두카를 뿌려 먹어보자.

아침

마카다미아와 감귤류를 곁들인 요거트

1인분 분량 / 준비시간 5분 / 조리시간 5분

- 다진 마카다미아 2큰술
- 코코넛 플레이크 1큰술
- 껍질 벗긴 자몽 1개
- 껍질 벗긴 레몬 ½개
- 카다몸 가루 1꼬집
- 메이플 시럽 1작은술
- 껍질 벗겨 얇게 썬 감귤 1개
- 코코넛요거트 50㎖ (먹기 전 준비)

01 작은 프라이팬에 마카다미아와 코코넛 플레이크를 넣고 살짝 노르스름해질 때까지 3~4분간 볶는다. 한쪽에 둔다.

02 칼로 자몽과 레몬 결을 따라 썰고 껍질도 벗겨서 볼에 담는다. 자몽 ½개는 한쪽에 둔다. 나머지 자몽 ½개와 레몬을 짜서 다른 볼에 담는다. 여기에 카다몸 가루와 메이플시럽을 각자 넣고 저어준다. 다른 볼에 한쪽에 두었던 자몽 조각 ½과 감귤을 담고 한쪽에 두었던 코코넛과 마카다미아를 올린 후 자몽·레몬 시럽을 뿌린다. 코코넛요거트를 함께 올려 낸다.

1인분당 영양 정보 열량 468kcals / 지방 25.3g / 탄수화물 63.2g / 단백질 7.9g

점심

양념한 리코타 치즈를 넣은 병아리콩 & 프리카 샐러드

1인분 분량 / 준비시간 10분

리코타 치즈 3큰술
강황 가루 ½작은술
다진 민트 1큰술
다진 파슬리 1큰술
가위로 싹둑 자른 차이브 1큰술
익혀서 으깬 프리카 50g
삶은 병아리콩 3큰술
얇게 썬 대파 2개
얇게 썬 셀러리 스틱 1개
소금과 후추
구운 마늘 드레싱(94쪽) 2큰술
아몬드 & 헤이즐넛 두카(106쪽) 토핑용(선택)

01 볼에 리코타 치즈를 넣고 강황 가루, 소금 1꼬집, 후추 1꼬집을 넣은 후 골고루 섞는다.

02 다른 볼에는 민트, 파슬리, 차이브를 넣고 섞는다. 손에 물을 묻히고 리코타 치즈 1작은술을 떠서 공 모양으로 동그랗게 빚는다. 허브 믹스 위로 굴린 후 한쪽에 둔다. 리코타 치즈가 없어질 때까지 반복해서 작업하면 5개 정도 나올 것이다.

03 볼에 프리카, 병아리콩, 대파, 셀러리 스틱을 넣고 구운 마늘 드레싱을 첨가한 후 섞는다. 그릇에 담아 아몬드·헤이즐넛 두카(선택)를 뿌리고 리코타볼을 곁들여 낸다.

1인분당 영양 정보 열량 363kcals / 지방 18g / 탄수화물 18.3g / 단백질 6.6g

저녁

으깬 리마콩을 곁들인 연어와 펜넬

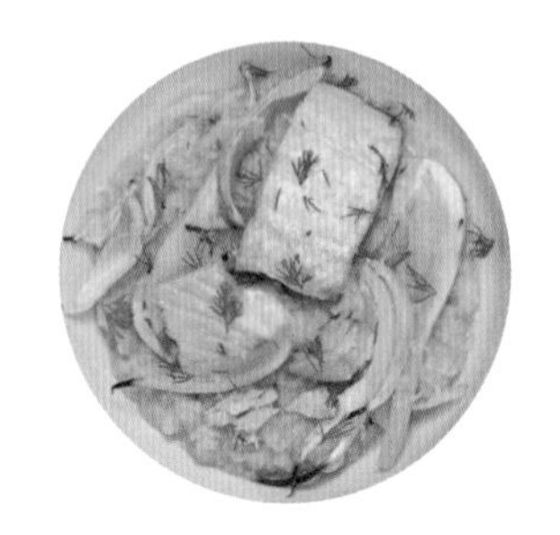

1인분 분량 / 준비시간 10분 / 조리시간 10분

펜넬 1개(작은 것) 또는 ½개(큰 것)
엑스트라버진 올리브오일 1 ½큰술
껍질 벗긴 연어살 1개
아주 얇게 썬 서양대파 ½개(작은 것)
펜넬씨 ½작은술
삶은 리마콩(버터빈) 120g
닭, 채소 & 다시마 육수 (79쪽) 100㎖
으깬 마늘 1쪽
레몬제스트와 레몬즙 ½개 분량
소금과 후추

01 오븐을 200℃로 예열한다. 펜넬에 달린 잎을 따로 떼서 한쪽에 두고 심 부분은 빗 모양으로 얇게 썬다. 여기에 엑스트라버진 올리브오일 ½큰술을 넣고 뒤적인 후 소금과 후추로 간을 한다. 베이킹트레이에 넣고 오븐에서 10분간 굽는다. 트레이를 꺼내서 연어살을 올린다. 엑스트라버진 올리브오일 ½큰술을 연어살에 바르고 소금과 후추로 간을 한 후 10분간 더 굽는다.

02 팬에 올리브오일 ½큰술을 두르고 달군다. 서양대파와 마늘을 넣고 뚜껑을 덮은 후 5분간 익힌다. 리마콩과 닭, 채소·다시마 육수를 넣고 뚜껑을 연 채 2분간 뭉근하게 끓인다. 레몬즙을 넣고 내용물을 으깬다. 그릇에 담고 구운 팬넬과 연어, 레몬제스트, 한쪽에 두었던 팬넬잎, 팬넬씨를 올려 마무리한다.

1인분당 영양 정보 열량 1105kcals / 지방 67.7g / 탄수화물 66.1g / 단백질 73.5g

양념한 리코타 치즈를 넣은
병아리콩 & 프리카 샐러드

으깬 리마콩을 곁들인 연어와 펜넬

마카다미아와
감귤류를 곁들인 요거트

DAY 25

WEEK 4

목요일

치아시드를 첨가한 구운 시나몬 양념 퀴노아는 바삭한 맛이 일품이고 아침 포리지 위에 뿌려 먹기에 좋다. 또 점심에는 강황 양파 피클 대신 인도식 양념이 가미된 발효 당근을 먹는 것도 좋다.

아침

블루베리와 견과를 넣은 오트밀 포리지

1인분 분량 / 준비시간 5분 / 조리시간 5분

- 스틸컷 귀리 50g
- 아몬드우유 250㎖
- 시나몬 가루 1꼬집
- 묽은 꿀 1큰술
- 아몬드버터 1큰술
- 블루베리 50g
- 치아시드를 첨가한 구운 시나몬 양념 퀴노아(101쪽 참고) 1큰술

01 팬에 스틸컷 귀리, 아몬드우유, 시나몬 가루, 꿀을 넣는다. 5분간 약불에서 귀리가 크림처럼 부드러운 질감이 될 때까지 저으며 익힌다. 아몬드버터를 넣고 저은 후 숟가락으로 떠서 볼에 담고 베리와 양념 퀴노아를 올려 마무리한다.

1인분당 영양 정보 열량 503kcals / 지방 17.3g / 탄수화물 78.3g / 단백질 13.9g

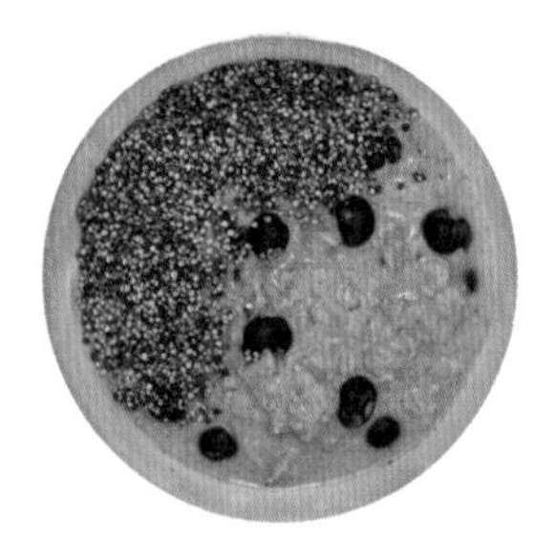

점심

강황 드레싱을 뿌린 쉬크린 상추 & 달걀 샐러드

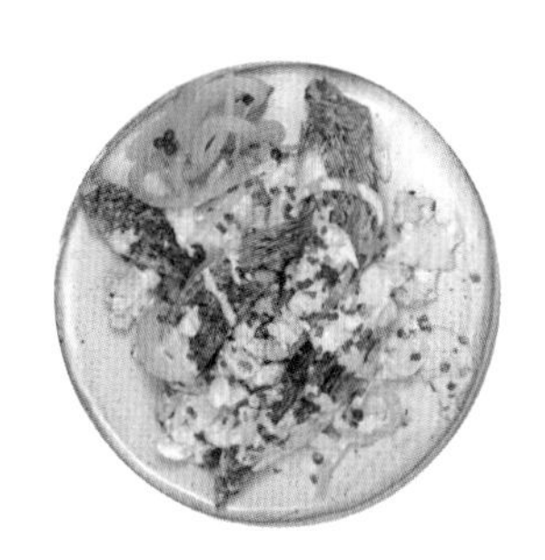

1인분 분량 / 준비시간 10분 / 조리시간 8분

상온에 둔 달걀 1개
길게 4등분한 쉬크린 상추 1개
강황 & 레몬 요거트 드레싱 (95쪽) 1 ½큰술
커민씨 ½작은술
가위로 싹둑 자른 차이브 1큰술
먹기 직전에 구운 슈퍼 씨앗빵(110쪽)
소금과 후추
강황 양파 피클 (88쪽, 곁들임용)

01 냄비에 물을 붓고 끓으면 달걀을 천천히 넣은 후 완숙이 될 때까지 8분간 삶는다. 달걀을 건져 찬물에 담근다. 식으면 껍질을 벗기고 볼에 담아 숟가락 뒷부분으로 부드럽게 으깬다. 소금과 후추로 간을 하고 한쪽에 둔다.

02 프라이팬을 강불에 달군다. 쉬크린 상추는 썰어놓은 단면을 아래로 두고 커민씨를 넣는다. 상추가 살짝 타기 시작하고 커민씨가 향이 날 정도로 1분간 조리한다. 접시에 옮겨 담는다. 으깬 달걀과 강황·레몬 요거트 드레싱을 올리고 차이브를 뿌린다. 슈퍼 씨앗빵 위에 올려 강황 양파 피클과 함께 먹는다.

1인분당 영양 정보 열량 156kcals / 지방 11.4g / 탄수화물 5.2g / 단백질 7.5g

저녁

안초비 브로콜리 강황 파스타

1인분 분량 / 준비시간 10분 / 조리시간 20분

푸실리나 펜네 같은 모양의
 통밀 파스타 50g(작은 것)
엑스트라버진 올리브오일 1큰술
브로콜리니 1줌
얇게 썬 양파 ½개
간 마늘 1쪽
칠리 플레이크 ½작은술
기름을 뺀 후 다진 안초비살 2개
레몬제스트와 레몬즙 ¼개 분량
강황 가루 ½작은술
간 파르메산 치즈 1큰술
 (먹기 전 준비)

---

01 소금을 넣은 끓는 물에 통밀 파스타를 넣고 포장지에 적힌 지시대로 하여 알덴테로 익힌다. 면을 건지고 파스타 삶은 물은 2큰술 남겨둔다.

02 프라이팬에 엑스트라버진 올리브오일을 두르고 달궈지면 브로콜리니를 넣고 2~3분간 뒤적이며 익힌다. 여기에 양파, 마늘, 칠리 플레이크, 안초비살을 넣고 향이 강해질 때까지 2~3분 익힌다. 강황 가루, 레몬제스트, 레몬즙, 면 삶은 물, 파스타를 넣고 포크나 요리용 집게로 젓는다. 소스가 면에 잘 배이면 파르메산 치즈를 뿌려 낸다.

1인분당 영양 정보 열량 334kcals / 지방 21g / 탄수화물 25.1g / 단백질 15.8g

안초비 브로콜리 강황 파스타

블루베리와 견과를 넣은 오트밀 포리지

강황 드레싱을 뿌린
쉬크린 상추 & 달걀 샐러드

WEEK 4

금요일

아침 토스트에는 선호하는 베리가 따로 있다면 그걸 사용해도 괜찮다. 저녁에 먹을 채소는 익히는 시간이 제각각이라 조리 시 잘 지켜보고 익으면 바로 건져내야 한다.

아침

에너지 강화 아침 토스트

1인분 분량 / 준비시간 5분 / 조리시간 5분

- 슈퍼 씨앗빵(110쪽) 또는 고대 곡물 무반죽 빵(111쪽) 2장
- 칠리 플레이크 ½작은술
- 엑스트라버진 올리브오일 1큰술
- 리코타 치즈 2큰술
- 부드럽게 으깬 아보카도 ½개
- 레몬즙 ½개 분량
- 칠리 플레이크 ½작은술
- 블랙베리 2큰술
- 민트 2개
- 아마씨 & 캐슈너트 분태(105쪽) 1큰술

01 슈퍼 씨앗빵을 토스트한 후 엑스트라버진 올리브오일을 뿌린다. 아보카도와 레몬즙을 섞어 빵 하나에 바르고 칠리 플레이크를 뿌린다. 다른 빵에는 리코타 치즈를 펴 바르고 블랙베리, 민트, 아마씨·캐슈너트 분태를 뿌려 마무리한다.

1인분당 영양 정보 열량 445kcals / 지방 39.6g / 탄수화물 21.3g / 단백질 9.2g

점심

콩과 통보리를 넣은 수프

2인분 분량 / 준비시간 10분 / 조리시간 40분

엑스트라버진 올리브오일 1큰술
대강 다진 양파 ½개
얇게 썬 마늘 2쪽
대강 다진 셀러리 스틱 ½개
대강 다진 당근 1개(작은 것)
타임 3개 + 장식용 조금
통보리 50g
닭 뼈 육수(78쪽) 250㎖
세척 후 물기를 뺀 여러 가지 종류의 혼합콩 통조림 400g
다진 토마토 통조림 ½개

01 팬에 엑스트라버진 올리브오일을 두르고 약불에서 달군 후 양파, 마늘, 셀러리 스틱, 당근, 타임을 넣고 부드러워질 때까지 저으며 6분간 익힌다. 여기에 통보리를 넣고 저은 후 닭 육수와 물 500㎖를 붓는다. 한소끔 끓으면 불을 줄이고 통보리가 살짝 부드러워질 때까지 졸인다.

02 어느 정도 졸여지면 혼합콩과 토마토를 넣고 10분간 더 뭉근하게 끓인다. 타임으로 장식해 식탁에 낸다.

1인분당 영양 정보 열량 345kcals / 지방 9.6g / 탄수화물 4.2g / 단백질 17g

저녁

오레가노와 아몬드를 뿌린 닭가슴살 구이

1인분 분량 / 준비시간 10분 / 조리시간 15분

가로로 반을 가른 닭가슴살 1개
으깬 마늘 1쪽
대강 다진 오레가노 ½큰술
엑스트라버진 올리브오일 1큰술
대강 다진 아몬드 플레이크 1큰술
닭 뼈 육수(78쪽) 200㎖ 또는
화이트와인과 치킨스톡 100㎖
브로콜리니 80g
아스파라거스 5개
냉동 완두콩 40g
소금과 후추

01 볼에 닭가슴살, 마늘, 오레가노 반, 엑스트라버진 올리브오일 ½큰술, 소금, 후추를 넣고 뒤적인다. 프라이팬에 엑스트라버진 올리브오일 ½큰술을 두르고, 달궈지면 양념한 닭가슴살을 넣고 2분간 앞뒤로 익힌 다음 한쪽에 둔다. 불을 강불로 올리고 팬에 아몬드 플레이크와 오레가노 남은 것을 넣고 30초간 볶다가 닭 육수를 넣고 끓인다. 한소끔 끓이면 2분간 뭉근하게 끓인다.

02 닭가슴살을 다시 넣고 데운다. 닭이 익는 동안 다른 팬에 물을 끓여 브로콜리니, 아스파라거스, 완두콩을 넣고 익힌다. 접시에 담고 닭고기를 곁들여 낸다.

1인분당 영양 정보 열량 334kcals / 지방 21g / 탄수화물 25.1g / 단백질 15.8g

오레가노와 아몬드를 뿌린
닭가슴살 구이

콩과 통보리를 넣은 수프

에너지 강화 아침 토스트

DAY

27

WEEK 4

토요일

아침 식사용 팬케이크 반죽은 8개를 만들고도 남을 정도로 충분해야 한다. 반 정도는 오늘 사용하고 남은 반은 다음을 위해 냉동실에 넣어두자. 템페와 렌틸콩 요리에는 강황 양파 피클을 곁들여 보자.

아침

김치전

2인분 분량 / 준비시간 5분 /조리시간 12분

달걀 1개(큰 것)
김치 국물(82쪽) 1큰술
타마리 간장 1큰술
쌀와인식초 1큰술

스펠트 밀가루 100g
대강 다진 김치(82쪽) 200g
아주 얇게 썬 대파 2개 +
얇게 썬 장식용 파 조금

올리브오일 2큰술
소스(타마리 간장 1큰술 +
쌀와인식초 1큰술)

01 볼에 달걀, 김치 국물, 타마리 간장, 쌀와인식초, 물 60ml를 붓고 휘젓는다. 스펠트 밀가루 75g을 넣고 섞은 후 김치와 대파를 넣고 저어준다.

02 반죽을 반으로 나눠 한쪽은 냉동실에 넣고 다음에 사용한다. 팬을 중강불에 놓고 올리브오일을 1큰술 두른다. 큰 숟가락으로 2큰술 가득 반죽을 떠서 팬에(한 번에 2개씩 만든다) 넣고 갈색이 될 때까지 2~3분간 앞뒤로 익힌다. 다 구워지면 철제 식힘망에 올려놓고, 필요하면 올리브오일을 소량 첨가해가며 나머지 반죽도 반복 작업한다. 완성되면 대파를 뿌리고 소스를 곁들여 낸다.

1인분당 영양 정보 열량 379kcals / 지방 17.4g / 탄수화물 103g / 단백질 15.1g

점심

오렌지와 템페를 넣은 렌틸콩

1인분 분량 / 준비시간 5분 / 조리시간 25분

오렌지즙 2개 분량
간 생강 ½큰술
타마리 간장 1작은술
미림 2작은술
메이플시럽 1작은술
간 마늘 1쪽
벌거 밀 2큰술
다진 케일 40g
퓌렌틸콩 2큰술
한입 크기로 썬 템페 140g
코코넛오일, 기버터 또는 올리브오일 2큰술
소금과 후추
라임즙 ½개 분량 (먹기 전 준비)

01 볼에 오렌지즙, 생강, 타마리 간장, 미림, 메이플시럽, 마늘을 섞어 소스를 만든다. 냄비에 물 100㎖를 붓는다. 끓으면 벌거 밀과 케일을 넣고 10분간 익힌다. 뚜껑을 덮고 그대로 둔다. 팬에 퓌렌틸콩을 넣고 20분간 익힌 후 렌틸콩을 건져 벌거에 넣고 젓는다. 소금과 후추로 간을 한다.

02 팬에 코코넛오일과 템페를 넣고 노르스름해질 때까지 볶는다. 오렌지소스를 붓고 5~8분간 조리한다. 그릇에 담고 벌거 믹스와 라임즙을 함께 올려 낸다.

1인분당 영양 정보 열량 814kcals / 지방 44.2g / 탄수화물 74g / 단백질 37.2g

저녁

콜리플라워 퓌레와 새싹 샐러드를 곁들인 농어

1인분 분량 / 준비시간 5분 + 10분 불림 / 조리시간 10분

콜리플라워 봉우리 3개(큰 것)
10분간 불린 캐슈너트 1큰술
우유 또는 캐슈너트 우유 1큰술
버터 2작은술
채 썬 방울다다기양배추 100g
잘게 부순 말린 홍고추 1개
레드 와인 식초 1½큰술
다진 파슬리 1큰술
다진 민트잎 1큰술
레몬제스트 1작은술
엑스트라버진 올리브오일 3큰술
농어살 1개
소금과 후추

---

01 팬에 물과 콜리플라워 봉우리를 넣고 부드러워질 때까지 익힌다. 콜리플라워를 건져 푸드프로세서에 넣고 캐슈너트, 우유, 버터를 넣은 후 부드러운 질감이 될 때까지 간다. 소금과 후추로 간을 한다. 볼에 방울다다기양배추, 홍고추, 레드와인식초, 파슬리, 민트잎, 레몬제스트, 엑스트라버진 올리브오일 2 ½큰술을 넣고 소금과 후추로 간을 하여 샐러드를 만든다.

02 팬에 엑스트라버진 올리브오일 ½큰술을 두르고 달궈지면 농어 껍질에 소금과 후추로 간을 하고 껍질 부분을 아래로 해서 바삭해질 때까지 굽는다. 뒤집어 1분간 더 굽는다. 콜리플라워 믹스와 샐러드를 농어에 곁들여 낸다.

1인분당 영양 정보 열량 669kcals / 지방 58.8g / 탄수화물 14.9g / 단백질 25.2g

콜리플라워 퓌레와
새싹 샐러드를 곁들인 농어

오렌지와 템페를 넣은
렌틸콩

김치전

DAY 28

WEEK 4

일요일

닭 뼈 육수는 장에 좋은 영양가가 있는 음식이라 면역 기능에도 좋다. 저녁에 먹을 식사에 바삭한 맛을 추가하려면 새싹 채소를 가위로 대강 잘라 1큰술 정도 뿌려서 식탁에 내자.

아침

새싹 채소를 곁들인 수란

1인분 분량 / 준비시간 5분 / 조리시간 5분

버터 ½큰술
미소된장 ½큰술
라임제스트 ½작은술
가위로 싹둑 자른 새싹 채소 1큰술
고대 곡물 무반죽 빵(111쪽) 2장
(먹기 직전에 구운 것)
아몬드 & 헤이즐넛 두카
(106쪽, 토핑용) 1큰술
수란 2개
라임즙 1작은술
비트 & 사과 사워크라우트
(83쪽, 곁들임용) 1큰술

01 볼에 버터와 미소된장을 담고 섞는다. 라임제스트와 라임즙을 넣고 저어준다. 고대 곡물 무반죽 빵 각 면에 듬뿍 펴 바르고 수란을 올린 후 새싹 채소와 아몬드·헤이즐넛 두카를 뿌린다. 비트·사과 사워크라우트를 곁들여 낸다.

1인분당 영양 정보 열량 280kcals / 지방 23.5g / 탄수화물 21.5g / 단백질 16.7g

점심

닭가슴살 라면

1인분 분량 / 준비시간 5분 / 조리시간 45분

닭 뼈 육수(78쪽) 500㎖
아주 얇게 썬 생강 1cm 조각
아주 얇게 썬 마늘 1쪽
잘게 다진 바나나 샬롯 1개
표고버섯 5개

닭가슴살 ½개
양송이버섯 50g
시로미소된장 1큰술
미림 ½큰술
생천사채 또는 쌀국수면 80g

타마리 간장 1큰술
어린 시금치잎 1줌
쉬크린 상추 ½개
얇게 썬 대파 ½개
볶은 참깨 1작은술

01 팬에 닭 육수, 생강, 마늘, 바나나 샬롯, 표고버섯을 넣고 끓인다. 닭가슴살을 넣고 뚜껑을 덮은 후 불에서 내리고 25분간 그대로 둔다. 기름을 두르지 않은 팬에 양송이버섯을 넣고 부드러워질 때까지 천천히 볶는다. 육수에 있는 닭과 표고버섯은 따로 빼놓고 육수를 체에 거른다.

02 육수를 다시 끓여 생천사채, 시로미소된장, 미림, 타마리 간장을 넣는다. 닭을 썰어 그릇에 넣고 시금치잎, 쉬크린 상추, 대파, 참깨를 넣는다. 건져두었던 표고버섯과 볶은 양송이버섯을 올리고 육수를 부어 마무리한다.

1인분당 영양 정보 열량 363kcals / 지방 6.5g / 탄수화물 31.1g / 단백질 36.5g

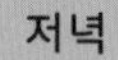

저녁

팟타이식 샐러드

1인분 분량 / 준비시간 15분

면처럼 길게 썬 애호박 1개(작은 것)
면처럼 길게 썬 당근 1개(작은 것)
씨를 빼고 아주 얇게 썬
 붉은색 파프리카 ½개
얇게 채 썬 흰양배추 30g
해동한 냉동 풋콩 40g
다진 바질 1큰술
볶은 참깨 1작은술
소금과 후추

드레싱
아몬드버터 70g
강황 양파 피클(88쪽, 선택) 1쪽
 또는 간 마늘 1쪽
라임주스 2큰술
메이플시럽 2 ½큰술
참기름 ½큰술
간 생강 1작은술

01 믹서기에 드레싱 재료와 물 2큰술을 넣고 걸쭉해질 때까지 간다. 소금과 후추로 간을 하고 한쪽에 둔다.

02 볼에 애호박, 당근, 붉은색 파프리카, 흰양배추, 풋콩, 바질을 담고 드레싱을 뿌린 후 뒤적인다. 참깨를 뿌려 마무리한다.

1인분당 영양 정보 열량 641kcals / 지방 50.1g / 탄수화물 36.6g / 단백질 24.3g

팟타이식 샐러드

닭가슴살 라면

새싹 채소를 곁들인 수란

4

음료 및 스낵 레시피

이번에는 28일 면역력 강화 식단과 함께할 간편한 간식과 건강에 좋은 음료를 소개하려고 한다. 간식을 즐기지 않는 사람은 없으며 음식과 함께 먹을 음료는 항상 고민이다. 그래서 면역력 강화를 위해 식단을 바꾸려는 당신에게 몇 가지 간단히 만들 수 있는 간식과 음료 레시피를 공유하고자 한다.

바쁠 때 먹는 스낵

스낵을 만들어 외출할 때 챙겨가자. 허기도 막아주고 면역 기능을 강화하는 에너지와 영양소도 함께 챙길 수 있다.

강황을 넣은 코코넛 & 대추야자볼

6~8인분 분량 / 준비시간 10분

씨를 뺀 메드줄 대추야자 12개
롤드 오트 60g
치아시드 1큰술
레몬즙 4큰술
레몬제스트 1작은술
살짝 데쳐서 껍질을 벗긴 아몬드 65g
강황 가루 1작은술
흑후춧가루 1꼬집
간 코코넛 60g(옷 입히는 용)

01 뜨거운 물에 메드줄 대추야자를 몇 분간 담근 후 물기를 빼고 푸드프로세서에 넣는다. 롤드 오트, 치아시드, 레몬즙, 레몬제스트, 아몬드, 강황 가루, 흑후춧가루도 넣는다. 순간 작동 모드로 몇 번 돌린 후 섞인 재료가 걸쭉한 도우 형태가 될 때까지 간다. 너무 퍽퍽하다 생각되면 물 1큰술을 첨가한다.

01 작은 쇠숟가락으로 내용물을 떠서 골프공 정도 크기로 동그랗게 빚는다. 간 코코넛 위로 굴려 옷을 입힌다. 나머지도 같은 방식으로 만든다. 밀폐용기에 담고 냉장고에서 2주일, 냉동실에서 3개월 정도 보관할 수 있다.

분량당 영양 정보 열량 244kcals / 지방 8.4g / 탄수화물 44.7g / 단백질 4.3g

살구 견과 에너지바

12개 분량 / 준비시간 10분 / 식히는 시간 2시간

말린 살구 200g + 토핑용 조금
메이플시럽 4큰술
녹인 코코넛오일 100㎖
롤드 오트 200g
생강 가루 2큰술
대강 다진 헤이즐넛 60g
대강 다진 피스타치오 60g
호박씨 60g

01 뜨거운 물을 담은 볼에 살구를 모두 넣고 5분간 둔다. 살구를 건져서 토핑용을 제외한 나머지 살구, 메이플시럽, 코코넛오일을 푸드프로세서에 넣고 내용물이 완전히 섞일 때까지 걸쭉하게 간다. 여기에 롤드 오트와 생강 가루를 넣고 순간 작동 모드로 몇 분간 돌린다. 볼에 내용물을 담고 헤이즐넛, 피스타치오, 호박씨를 첨가한 후 잘 섞이도록 젓는다.

02 섞은 내용물을 종이포일을 깐 가로세로 20cm 크기의 정사각형 요리용 금속 용기에 붓고 쇠숟가락으로 고르게 눌러준다. 토핑용 살구를 올리고 밑으로 살짝 눌러준다. 냉장고에 넣고 2시간 동안 차갑게 굳힌다. 용기에서 꺼내 초코바 형태로 썰고 밀폐용기에 담는다. 냉장고에서 1주일, 냉동실에서 3개월 정도 보관할 수 있다.

분량당 영양 정보 열량 281kcals / 지방 15.7g / 탄수화물 31.7g / 단백질 5.5g

양념을 입혀 구운 브라질너트

250g 분량 / 준비시간 5분 / 조리시간 10분

브라질너트 250g
시나몬 가루 1작은술
생강 가루 1작은술
카다몸 가루 ¼작은술
메이플시럽 1큰술
녹인 코코넛오일 50g

01 오븐을 180℃로 예열한다. 볼에 모든 재료를 넣고 브라질너트가 완전히 코팅되듯 버무려질 때까지 젓는다. 종이포일을 깐 베이킹시트에 고르게 편 후 브라질너트가 노르스름해질 때까지 오븐에서 8~10분간 굽는다.

02 식힌 후 밀폐용기로 옮겨 담는다. 1주일 정도 보관할 수 있다.

분량당 영양 정보 열량 2164kcals / 지방 218g / 탄수화물 47.5g / 단백질 36.4g

강황을 넣은
코코넛 & 대추야자볼
양념을 입혀 구운 브라질너트
살구 견과 에너지바

말린 과일 스낵

말린 과일 스낵은 허기를 막아주고 시중에 파는 간식과는 비교할 수 없이 건강하다.

바삭바삭한 강황 양념 사과

약 16조각 분량 / 준비시간 10분 / 조리시간 45분~1시간

아오리 사과 또는 비슷한 사과 2개	시나몬 가루 1작은술	강황 가루 ½작은술

01 오븐을 160℃로 예열한다. 사과 씨 제거기로 씨를 빼고 1~2mm 정도 두께의 얇은 CD디스크 모양이 되도록 가로로 썬다. 시나몬 가루와 강황 가루를 섞어 사과 위에 뿌린다. 종이포일을 깐 베이킹시트에 사과를 평평하게 놓는다.

02 오븐에서 45분~1시간 굽는다. 중간에 한 번 뒤집어 주고 갈색으로 변한 부스러기는 제거한다. 완성되면 완전히 식을 때까지 두었다 밀폐용기에 담는다. 2~3일 정도 보관할 수 있다.

분량당 영양 정보 열량 204kcals / 지방 0.7g / 탄수화물 54.1g / 단백질 1.3g

말린 배

약 16조각 분량 / 준비시간 10분 / 조리시간 4시간

식물성 기름(기름칠용)	단단한 배(익었지만 단단한 것) 2개(큰 것)

01 오븐을 80℃로 예열한다. 식물성 기름을 오븐 안 선반에 발라둔다. 사과 씨 제거기로 배의 씨를 빼고 잘 드는 칼로 얇은 디스크 모양이 되도록 가로로 썬다.

02 오븐 안 선반에 썰어놓은 배를 겹치지 않게 올리고 4시간 굽는다. 매시간 한 번씩 뒤집는다. 완전히 식을 때까지 두었다가 밀폐용기에 담는다. 2~3일 정도 보관할 수 있다.

분량당 영양 정보 열량 272kcals / 지방 1.7g / 탄수화물 70g / 단백질 1.7g

생강 꿀 젤리

20~24개 분량 / 준비시간 10분 / 조리시간 5분 + 3시간 식힘

간 생강 2cm 조각
레몬즙 2개 분량
젤라틴 가루 15g
유기농 꿀 2 ½큰술
레몬제스트 1작은술

01 냄비에 물 475㎖를 붓고 끓인다. 생강을 첨가한 후 불에서 내리고 5분간 푹 담가 놓는다.

02 볼에 레몬즙을 넣고 젤라틴 가루를 뿌린다. 5분간 완전히 배이게 둔다.

03 냄비에 있는 생강 물을 체에 걸러 젤라틴이 들어 있는 볼에 붓고 젤라틴이 완전히 녹을 때까지 저어준다. 유기농 꿀과 레몬제스트를 넣고 잘 저어준다. 혼합물을 가로세로 20cm 실리콘 몰드에 붓고 냉장고에서 3시간 식힌다. 시간이 되면 몰드에서 떼어내어 정사각형으로 썰고 밀폐용기에 담는다. 냉장고에서 7주, 냉동실에서 3개월 정도 보관할 수 있다.

분량당 영양 정보 열량 211kcals / 지방 0.3g / 탄수화물 51.3g / 단백질 6.6g

말린 배
바삭바삭한 강황 양념 사과
생강 꿀 젤리

양념 스낵

양념 스낵은 건강한 영양소가 가득하고 만들기도 간단한 간식이다. 씨앗 크래커는 수프나 샐러드에 곁들이면 바삭한 맛이 추가되어 완벽한 식사가 된다. 미소된장 견과소스에 들어가는 아몬드버터를 만들 시간이 없다면 시중에 판매하는 아몬드버터(90㎖)를 사용하고 재료에서 땅콩오일과 아몬드를 빼고 조리하면 된다.

미소된장 견과소스를 곁들인 야채 스틱

1~2인분 분량 / 준비시간 15분 / 조리시간 5분

땅콩오일(또는 다른 무맛 오일) 1~2큰술
시로미소된장 3큰술
살짝 볶은 아몬드 플레이크 115g
얇게 썬 생채소
따뜻한 사과주스 90㎖
천일염

01 믹서기에 아몬드 플레이크, 천일염, 땅콩오일 1큰술을 넣어 부드러운 페이스트 형태가 될 때까지 간다. 땅콩오일을 더 넣으면 부드럽게 갈린다.

02 섞은 재료를 볼에 담고 시로미소된장과 사과주스 45㎖를 넣는다. 잘 섞이도록 젓다가 남은 사과주스 45㎖를 마저 넣는다. 얇게 썬 생채소를 곁들여 낸다.

분량당 영양 정보 열량 1023kcals / 지방 81.5g / 탄수화물 42.4g / 단백질 31.6g

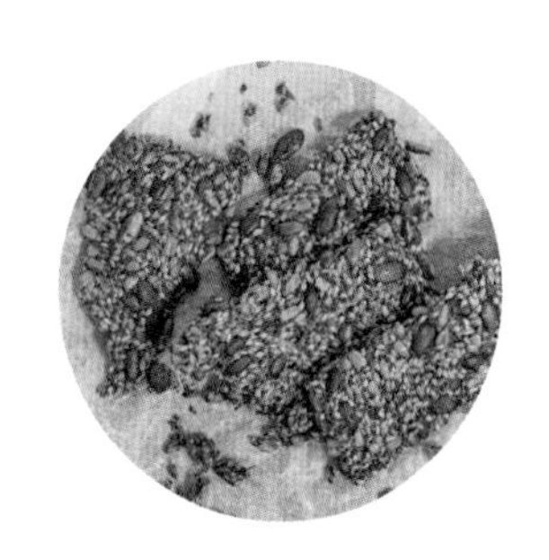

씨앗 크래커

20개 분량 / 준비시간 25분 / 조리시간 40분

참깨 50g
아마씨 25g
치아시드 50g
해바라기씨 50g
호박씨 50g
소금 ½작은술
말린 오레가노 1작은술
녹인 코코넛오일 1큰술

01 오븐을 180℃로 예열한다. 큰 볼에 모든 재료와 물 150㎖를 붓고 고르게 잘 섞는다. 아마씨와 치아시드를 20분간 불린다.

02 종이포일을 깐 베이킹시트에 섞은 내용물을 넣고 3~4mm 두께가 되도록 손으로 고르게 편다. 오븐에서 20분간 굽는다. 다 구워지면 꺼내서 직사각형으로 분할해 선을 긋는데, 주걱 등을 날을 세워 누르듯이 하면 된다. 다시 오븐에 넣어 단단해질 때까지 20분간 더 굽는다. 식힌 후 선에 맞춰 손으로 자른다. 밀폐용기에 담으면 5~6일 정도 보관할 수 있다.

분량당 영양 정보 열량 91kcals / 지방 7.5g / 탄수화물 2.4g / 단백질 2.8g

양념 소금을 뿌린 케일칩

2인분 분량 / 준비시간 5분 / 조리시간 30분

세척해서 줄기를 제거한 구불구불한 케일잎 200g
올리브오일 1큰술

소금 양념
천일염 ½작은술
강황 가루 ¼작은술
커민 가루 ½작은술
고수 가루 ½작은술
맵지 않은 칠리 파우더 ½작은술
설탕 ¼작은술

01 오븐을 150℃로 예열한다. 소금 양념 재료를 모두 섞어 작은 용기에 담아둔다. 이번 요리에는 소량만 필요하니 남은 소금은 보관한다.

02 케일잎을 여러 조각으로 찢는다. 물기가 없는 것을 확인한 후, 볼에 담아 올리브오일을 넣고 잘 코팅되도록 뒤적인다. 종이포일을 깐 베이킹시트 1~2개를 준비해 케일이 겹쳐지지 않게 한 겹으로 고르게 펼친다. 오븐에 넣어 25~30분간 굽는다. 중간에 시트를 돌려준다. 오븐에서 꺼내 몇 분간 그대로 두면 조금 더 바삭해진다. 소금 양념 2꼬집을 뿌리고 그릇에 담는다.

1인분당 영양 정보 열량 114kcals / 지방 8.2g / 탄수화물 18.6g / 단백질 4.5g

양념 소금을 뿌린 케일칩
미소된장 견과소스를
곁들인 야채스틱
씨앗 크래커

디저트

맛있고 빠르게 만들 수 있는 이번 간식은 면역력을 높여주고 달콤함도 가득하다. 컵케이크, 블루베리, 아이스바 모두 냉동보관이 가능하고 먹고 싶을 때 바로 꺼내면 된다.

다크초콜릿 아몬드 컵케이크

24개 분량 / 준비시간 5분 / 조리시간 5분 + 1½시간 냉동

- 주사위 모양으로 부순 다크초콜릿 (코코아 고형분 함량 최소 70%) 170g
- 메이플시럽 60㎖
- 부드러운 아몬드버터 160g
- 아마씨 & 캐슈너트 분태(105쪽) 1큰술(선택, 토핑용)
- 코코넛오일 1큰술
- 천일염 1큰술

01 종이포일을 깐 베이킹시트나 작은 머핀 틀에 미니 머핀 컵을 올린다. 냄비에 물을 붓고 내열그릇을 놓은 후 다크초콜릿을 넣고 중탕한다. 완전히 녹으면 메이플 시럽과 코코넛오일을 넣는다. 불에서 내려 골고루 젓는다. 녹은 초콜릿 1작은술을 머핀 컵에 넣고 숟가락 뒷부분으로 초콜릿이 중앙으로 모이게 모은다. 30분간 냉동실에 넣어둔다.

02 초콜릿을 냉동실에서 꺼낸다. 각 머핀 컵 바닥에 아몬드버터 ½ 작은술을 깔고 초콜릿을 올린 후, 냉동실에 넣어둔다. 10분 후에 다시 꺼내 남은 초콜릿을 얹고, 원한다면 아마씨·캐슈너트 분태와 천일염을 뿌린다. 냉동실에 1시간 정도 넣어 둔 뒤에 먹는다. 냉동실에 보관하고 먹기 5분 전에 꺼낸다.

1컵당 영양 정보 열량 95kcals / 지방 6.7g / 탄수화물 7.4g / 단백질 1.8g

블루베리 프로즌 요거트

2인분 분량 / 준비시간 10분 / 냉동 시간 1시간

세척해서 말린 블루베리 170g

요거트 (114쪽) 또는 다른 플레인 요거트 170㎖

01 이쑤시개로 블루베리를 요거트에 담근다. 완전히 코팅될 때까지 빙빙 돌린 후 종이포일을 깐 베이킹시트에 놓는다. 나머지 블루베리도 같은 방식으로 작업한다.

02 냉동실에서 1시간 얼린다. 완전히 얼면 비닐 팩 등에 싸서 냉동실에 넣고 먹고 싶을 때마다 꺼내 먹는다.

1인분당 영양 정보 열량 205kcals / 지방 6.3g / 탄수화물 33.3g / 단백질 6.9g

과일 아이스팝

약 10개 분량 / 준비시간 25분 / 냉동 시간 6시간

씨를 빼고 껍질 벗긴 수박 덩어리 400g
껍질 벗긴 자몽 2개
껍질 벗긴 오렌지 2개(큰 것)

---

01 푸드프로세서나 믹서기에 모든 재료를 넣고 부드러운 질감이 될 때까지 간다.

03 10개짜리 아이스바 몰드에 체를 이용해 주스만 붓는다. 아이스바는 냉동하는 데 6시간 정도 걸린다. 주스가 남으면 먼저 얼린 아이스바를 비닐 팩 등에 보관하고, 다시 몰드에 얼리면 된다.

1인분당 영양 정보 열량 46.4kcals / 지방 0.2g / 탄수화물 11.7g / 단백질 0.8g

다크초콜릿 아몬드 컵케이크

과일 아이스팝

블루베리 프로즌 요거트

디핑소스 및 스프레드 1

지금부터 소개하는 디핑소스와 스프레드는 토스트 빵이나 플랫브레드와 함께 할 간식이 되고 생채소에 찍어 먹을 디핑소스도 된다. 페스토를 만들어 냉장고에 넣어두면 파스타소스로 바로 사용할 수 있고, 구운 채소 위에 올려 먹을 수도 있다. 리코타 치즈는 스프레드나 디핑소스용으로 빵에 발라 먹으면 된다.

마늘 과카몰리

300g 분량 / 준비시간 10분 / 조리시간 25분

통마늘 2통 + 마늘 1쪽	라임즙 2개 분량	소금과 후추
아보카도 2개(큰 것)	다진 고수 2큰술	

01 오븐을 220℃로 예열한다. 통마늘 꼭지를 썰어 내고 포일로 싸서 오븐에 넣고 25분간 굽는다. 마늘을 꺼내 식힌 후 짜서 알맹이를 꺼낸다.

02 오븐에서 마늘이 익는 동안 아보카도를 반으로 썰어 씨를 빼고 과육을 볼에 담는다. 여기에 라임즙, 구운 마늘, 생마늘 1쪽을 넣는다. 내용물이 부드러운 질감이 나거나 조금 덩어리지게 으깬다. 고수를 넣고 소금과 후추로 간을 한다.

분량당 영양 정보 열량 789kcals / 지방 61.2g / 탄수화물 67.9g / 단백질 13.6g

카볼로네로 페스토

180~250g 분량 / 준비시간 5분 / 조리시간 5분

잎을 제거한 카볼로네로 50g
어린 시금치잎 50g
바질잎 25g
포도씨유 20㎖
엑스트라버진 올리브오일 25㎖
 + 위에 뿌릴 용 조금
파르메산 치즈 60g
호박씨 2 ½큰술
마늘 1쪽
레몬즙 ½개 분량
천일염

01 끓는 물에 카볼로네로를 넣고 부드러워질 때까지 3~4분간 데친 후 체로 건진다.

02 카볼로네로를 넣은 믹서기에 시금치잎, 바질잎, 엑스트라버진 올리브오일, 포도씨유, 파르메산 치즈 45g, 호박씨, 마늘, 레몬즙을 넣고 부드러운 질감이 될 때까지 간다. 천일염으로 간을 한다. 용기에 담고 올리브오일을 한층 두른다. 냉장고에서 1~2주 정도 보관할 수 있다.

분량당 영양 정보 열량 735kcals / 지방 65.9g / 탄수화물 15g / 단백질 30.5g

강황 리코타 치즈

50g 분량 / 준비시간 5분

리코타 치즈 200g
간 파르메산 치즈 60g
강황 가루 1작은술
흑후춧가루 ½작은술

01 볼에 모든 재료를 넣고 섞는다.

02 용기에 옮겨 담고 냉장고에 넣어 필요할 때 꺼내 쓴다. 2주 정도 보관할 수 있다.

분량당 영양 정보 열량 528kcals / 지방 34.1g / 탄수화물 12.7g / 단백질 47.4g

카볼로네로 페스토
마늘 과카몰리
강황 리코타 치즈

디핑소스 및 스프레드 2

다음 디핑소스와 스프레드는 냉장고에서 며칠 동안 보관할 수 있다. 주말에 만들어놓고 한 주 동안 토스트나 플랫브레드와 함께 간식으로 즐길 수 있다. 리마콩과 마늘 디핑소스 위에 아몬드·헤이즐넛 두카 1작은술을 올리면 좀 더 바삭한 맛을 가미할 수 있다.

양념 고등어

250g 분량 / 준비시간 5분

껍질 벗겨 아주 얇게 저민 훈제 고등어살 250g
강황 가루 ½작은술
칠리 파우더 1꼬집
요거트(114쪽) 또는 시판 요거트 140㎖
올리브오일 약간

01 푸드프로세서에 고등어살, 강황 가루, 칠리 파우더, 요거트를 넣는다. 내용물이 되직해질 때까지 순간 작동 모드로 돌린다.

02 용기에 옮겨 담고 올리브오일을 한층 두른다. 냉장고에 넣으면 3일 정도 보관할 수 있다.

분량당 영양 정보 열량 907kcals / 지방 72.2g / 탄수화물 8.2g / 단백질 56.1g

비트와 호박씨 후무스

250g 분량 / 준비시간 10분 / 조리시간 1시간

천일염 플레이크 ½작은술
엑스트라버진 올리브오일 2큰술
+ 위에 뿌릴 용 조금
비트 2개
삶은 병아리콩 250g
마늘 1쪽
타히니 2큰술
레몬주스 1큰술

01 오븐을 200℃로 예열한다. 흐르는 물에 비트를 문질러 씻고 물기를 닦은 후, 포일로 느슨하게 싼다. 베이킹트레이에 올려 오븐에서 1시간 동안 굽는다.

02 비트가 익으면 식힌 후 고무장갑을 끼고 껍질을 벗긴다. 비트를 대강 다져 푸드 프로세서에 넣는다. 병아리콩, 마늘, 타히니소스, 엑스트라버진 올리브오일을 넣고 퍽퍽하지 않게 물을 소량 추가한 후 원하는 질감의 디핑소스가 될 때까지 간다. 천일염 플레이크 또는 레몬주스로 맛을 더한다. 용기에 옮겨 담고 엑스트라버진 올리브오일을 한층 두른다. 냉장고에서 5일 정도 보관할 수 있다.

분량당 영양 정보 열량 878kcals / 지방 49.7g / 탄수화물 87.6g / 단백질 29.2g

리마콩과 마늘 디핑소스

250g 분량 / 준비시간 10분 / 조리시간 25분

꼭지를 썰어 낸 통마늘 1통
삶은 리마콩(버터빈) 250g
타히니소스 1큰술
엑스트라버진 올리브오일 1큰술
+ 위에 뿌릴 용 조금
커민 가루 1작은술
레몬즙 ½개 분량

01 오븐을 220℃로 예열한다. 통마늘을 포일로 살짝 감싸서 오븐에 넣고 마늘이 부드러워질 때까지 25분간 굽는다. 식힌 후 마늘을 짜서 알맹이를 꺼낸다.

02 믹서기에 마늘, 리마콩, 타히니소스, 엑스트라버진 올리브오일, 커민 가루, 레몬즙을 넣고 부드러운 질감이 될 때까지 간 후 용기에 붓는다. 올리브오일을 한층 두른다. 냉장고에서 3일 정도 보관할 수 있다.

분량당 영양 정보 열량 606kcals / 지방 23.1g / 탄수화물 77.8g / 단백질 28.6g

비트와 호박씨 후무스
리마콩과 마늘 디핑소스
양념 고등어

토닉 & 주스

이번에는 맛은 물론 면역력까지 챙겨주는 음료 차례다. 건강을 생각해 음료도 바꿔보는 건 어떨까? 물 만큼 좋은 음료는 없겠지만 색다른 맛을 즐기고 싶다면 한번 만들어볼 만하다. 진저 토닉은 감기 예방과 몸속 독소 제거에 효과적이고 활력도 안겨 준다.

생강 & 엘더베리 토닉

500㎖ 분량 / 준비시간 5분 / 조리시간 1시간

생 엘더베리 200g
 또는 말린 엘더베리 100g
간 생강 2큰술

시나몬 가루 1작은술
토종꿀(되도록 가공하지 않은 것) 340㎖

정향 가루 ½작은술
레몬즙(선택, 먹기 전 준비)

01 냄비에 물 850㎖를 붓고 엘더베리, 생강, 시나몬 가루, 정향 가루를 넣는다. 한소끔 끓으면 1시간 동안 뭉근하게 끓이거나 내용물이 반으로 줄 때까지 졸인다. 살짝 식힌 후 숟가락 뒷부분으로 엘더베리를 부드럽게 으깬다. 체로 걸러 유리볼이나 물병에 담는다. 토종꿀을 첨가하고 골고루 젓는다. 뚜껑이 있는 유리용기에 시럽을 붓는다.

02 토닉을 만들려면 유리컵에 내용물 1큰술을 넣고 물을 붓는다. 레몬즙(선택)을 넣어 상큼함을 더해도 된다. 겨울에는 매일 마시기 좋은 음료다.

1인분당 영양 정보 열량 36kcals / 지방 0g / 탄수화물 9.8g / 단백질 0g

수박 & 생강 주스

1인분 분량 / 준비시간 5분

씨와 껍질을 벗긴 수박 덩어리 400g
간 생강 ½큰술
껍질을 벗겨 대강 다진 레몬 1개
꼭지 딴 딸기 5개

---

01 믹서기에 모든 재료를 넣고 부드러운 질감이 될 때까지 간다. 체로 걸러 물병에 담는다. 냉장고에서 하루 동안 보관할 수 있다.

02 하루에 걸쳐 수시로 마신다.

1인분당 영양 정보 열량 179kcals / 지방 1.3g / 탄수화물 46g / 단백질 4g

노란 비트 & 자몽 주스

1인분 분량 / 준비시간 5분

- 껍질 벗기고 다진 자몽 2개(큰 것)
- 대강 다진 당근 2개
- 껍질을 벗기고 대강 다진 노란색 비트 2개(작은 것)
- 껍질 벗기고 씨를 빼고 대강 다진 아오리 사과 1개
- 껍질 벗기고 대강 다진 라임 1개
- 로메인 상추 몇 장
- 카이엔페퍼(매콤한 맛을 즐긴다면 추가해도 된다) 작게 1꼬집

01 믹서기에 모든 재료를 넣고 부드러운 질감이 될 때까지 간다. 체로 걸러 물병에 담는다. 냉장고에서 하루 동안 보관할 수 있다.

02 하루에 걸쳐 수시로 마신다.

1인분당 영양 정보 열량 606kcals / 지방 23.1g / 탄수화물 77.8g / 단백질 28.6g

생강 & 엘더베리 토닉
수박 & 생강 주스
노란 비트 & 자몽주스

스무디 & 따뜻한 음료

다음에 소개하는 스무디는 섬유질과 영양이 풍부하고 기력이 저하되었을 때 효과가 좋다. 강황 라테는 다양한 방식으로 즐길 수 있는데, 가령 생강을 첨가하면 몸의 감각을 깨우고 항바이러스 능력을 높일 수 있다. 강황과 생강 페이스트를 만들어 냉장고에 보관해 자주 사용하자.

하루에 다섯 번 스무디

1인분 분량 / 준비시간 10분

베이비케일 2줌	오이 ½개	껍질 벗긴 라임 1개
바나나 1개	씨를 뺀 아보카도 1개	코코넛워터 50㎖

01 믹서기에 모든 재료를 넣고 부드러운 질감이 될 때까지 간 후 물병에 넣는다. 냉장고에서 하루 동안 보관할 수 있다.

02 아침에 컵에 부어서 마시면 된다.

1인분당 영양 정보 열량 480kcals / 지방 29.8g / 탄수화물 58.3g / 단백질 7.5g

케피르 그린 스무디

1인분 분량 / 준비시간 5분

케피르우유 250㎖
오이 ¼개
바나나 1개
아보카도 ½개
어린 시금치 1줌
민트잎 1큰술
햄프시드 1큰술
각얼음 4개

01 믹서기에 모든 재료를 넣고 부드러운 질감이 될 때까지 간다. 컵에 부어서 마시면 된다.

1인분당 영양 정보 열량 392kcals / 지방 28.6g / 탄수화물 51.9g / 단백질 15.8g

강황 차이 라테

1인분 분량 / 준비시간 5분 / 조리시간 5분

껍질 벗긴 생강 50g
껍질 벗긴 신선한 강황 뿌리 50g
코코넛오일 50g
우유(소젖) 또는 아몬드우유, 귀리우유, 캐슈너트우유 250㎖
메이플시럽 1작은술
천일염 조금
흑후춧가루 1꼬집

01 믹서기에 생강, 강황 뿌리, 코코넛오일을 넣고 부드러운 질감의 페이스트가 될 때까지 간다. 작은 용기에 옮겨 담는다. 냉장고에서 5일 정도 보관할 수 있다. 따뜻한 라테를 즐기려면 1컵당 2큰술씩 넣으면 된다.

02 거품이 생길 때까지 우유를 데운다. 페이스트 위에 우유를 붓고 메이플시럽, 천일염, 흑후춧가루를 넣고 젓는다. 우유 위에 거품을 얹고 싶다면 믹서기에 우유를 넣고 거품이 생길 때까지 돌린다. 컵에 부어 맛있게 즐긴다.

1인분당 영양 정보 열량 175kcals / 지방 6.6g / 탄수화물 19.9g / 단백질 9.1g

강황 차이 라테
하루에 다섯 번 스무디
케피르 그린 스무디

감사의 글

이 책을 만드는 데 물심양면으로 도움을 주신 모든 분께 감사를 드린다. 케이티 질러, 캐시 스티어, 미셸 틸리, 조 모리스, 파피 마혼 씨는 코로나19로 여러 창의적인 작업이 제약을 받았을 때 끝까지 일을 진행하도록 도와주셨던 분들이다. 혼란스러운 시기에 스튜디오를 흔쾌히 빌려준 커스티 영 씨 덕분에 멋진 사진을 남길 수 있었고, '사라 하데이커' 사이트(www.sarahhardaker.co.uk)를 운영하는 사라 하데이커 씨가 제공해주신 아름다운 장식으로 요리가 한층 돋보일 수 있었다. 그리고 각 요리에 어울리는 멋진 그릇을 제공해주신, www.starlingpots.com과 www.littleearthquakepots.com을 운영하는 소피 씨에게도 특별히 감사의 마음을 전하고 싶다.